供电所
综合能源服务
实战手册

《供电所综合能源服务实战手册》编委会　编

中国电力出版社
CHINA ELECTRIC POWER PRESS

图书在版编目（CIP）数据

供电所综合能源服务实战手册 /《供电所综合能源服务实操手册》编委会编 . — 北京 : 中国电力出版社 , 2020.3

ISBN 978-7-5198-4322-9

Ⅰ . ①供… Ⅱ . ①供… Ⅲ . ①供电 — 工业企业 — 能源管理 — 商业服务 — 中国 — 手册 Ⅳ . ① F426.61-62

中国版本图书馆 CIP 数据核字 (2020) 第 024338 号

出版发行：中国电力出版社

地　　址：北京市东城区北京站西街 19 号（邮政编码 100005）

网　　址：http://www.cepp.sgcc.com.cn

责任编辑：周天琦（010-63412243）

责任校对：黄　蓓　郝军燕

装帧设计：北京宝蕾元科技发展有限责任公司

责任印制：钱兴根

印　　刷：北京博海升彩色印刷有限公司

版　　次：2020 年 3 月第一版

印　　次：2020 年 3 月北京第一次印刷

开　　本：880 毫米 ×1230 毫米　横 32 开本

印　　张：5.125

字　　数：98 千字

定　　价：30.00 元

编委会

编写组

主　编：仇　钧

副主编：凌　健　唐晓岚　王荣历

参编人员：

王松林	徐　杰	胡　海	葛凯梁	闻　铭	杨建立	章宏娟	费　巍
张　力	楼鸿鸣	沈烨锋	周海华	徐小青	陈凯存	郑　重	杜蕾佶
杜冰焱	崔航凯	糜海挺	陈　捷	杨　帆	叶　挺	姚其升	夏蛟龙
张秋慧	王　昶	林一驰	朱　斌	孔旭锋	沈　协	贝斌斌	陈　昕
张　立	叶木生	虞燕娜	朱炳辉	钟雷鸣	谢　军	刘海港	谢　达

PREFACE

前言

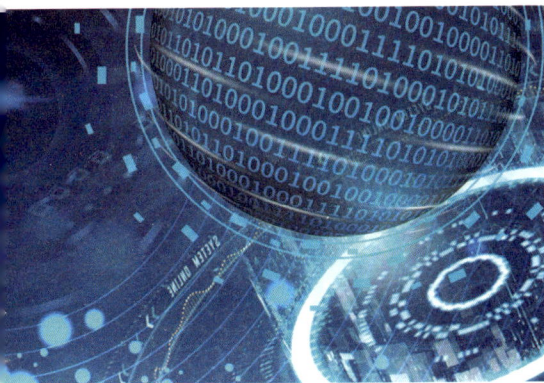

习近平总书记在"四个革命、一个合作"的重大要求中强调了能源安全与能源清洁的重要性。随着互联网信息技术、可再生能源技术的发展及电力改革进程的加快,开展综合能源服务已成为提升能源清洁与安全的重要发展方向。为积极响应能源新战略,国家电网有限公司提出建设"三型两网"世界一流能源互联网企业的战略目标,并将综合能源服务作为主营业务大力推广。

供电所是电网企业管理层级和配电网络的最末端,也是直面售电市场、服务电力客户的最前端,为充分发挥供电所现有优势、积极拓展综合能源服务市场,国网浙江省电力有限公司宁波供电公司通过总结梳理供电所开展综合能源服务业务的经验做法,编制形成《供电所综合能源服务实战手册》。

本手册从基础理念入手,围绕和供电所结合紧密的智慧电务、电能替代、分布式光伏三类典型产品,通过图文并茂的方式呈现了各类产品的产品简介、市场拓展方式和典型案例等内容,旨在为供电所一线员工提供一套易学易用的综合能源服务实战方法。

目录

CONTENTS

PART 1

基础理念篇

基础理念篇以综合能源服务市场拓展人员日常工作中需要掌握的基础知识为主要内容，旨在帮助供电所一线员工了解综合能源服务、明确供电所在综合能源服务中的工作角色。

本篇分为综合能源服务基础知识和供电所与综合能源服务两部分，介绍了综合能源服务定义、服务构成、商业模式、供电所与综合能源服务的关系等基础知识，为供电所综合能源服务业务拓展人员提供参考。

一、综合能源服务基础知识

（一）综合能源服务简介

国家电网有限公司将综合能源服务定义为一种新型的为满足终端客户多元化能源生产与消费需求的能源服务方式，涵盖能源规划设计、工程投资建设、多能源运营服务及投资融资等方面。

（二）综合能源服务主要业务

综合能源服务业务主要包含以下七大模块，分别为能源资源综合利用、能源基础服务、清洁能源开发供应、市场化售配电、节能服务、能源数据增值服务及能源金融服务。

1 能源资源综合利用

通过多能互补、集成优化、开发闲置资源等方式提高能源利用效率。其主要业务有规划建设微网、多能互补、能源管理、余热余压余气综合利用、生物质综合利用等。

示例：

01 北仑固废余热回收发电示范项目

02 温州南麂岛离网型微电网示范工程

03 嘉兴城市能源互联网综合试点示范项目

2 能源基础服务

为客户提供能源业务相关的基础服务，推进客户侧的节能、安全及清洁用能。其主要业务有电力设施设计、**智慧电务**等一体化电能服务，及**电能替代**、综合管廊业务等。

示例：

01 宁波方太厨具总部工业园区能效提升项目

02 金华外国语学校供热系统"建、运、管、售"一体化服务项目

3 清洁能源开发供应

将太阳能、生物质能等可再生能源转化为电能，满足人们生产生活需求。其主要业务有可再生能源开发利用（**分布式光伏**）、冷热电三联供及船舶岸电等充电网络建设运营。

示例：

01 宁波舟山港高压岸电示范项目

02 京杭大运河绿色岸电全覆盖示范项目

03 海正药业冷热电三联供示范项目

4 市场化配售电

通过业务模式创新响应电力体制改革，推动电力交易市场化。其主要业务模式有深化与社会资本合作、组建混合所有制的供电公司、规范开展增量配电项目运营管理等。

示例：

01 长广电网浙江片增量配电业务试点

02 金华东阳市增量配电业务试点

03 洋山深水港北侧陆域增量配电业务试点

5 节能服务

为客户提供节能改造咨询并实施节能改造项目服务。其主要业务有工业节能、绿色照明、电网节能、能效管理提升等。

示例：

01 绿色照明智慧路灯云平台

02 舟山跨海大桥绿色路灯节能服务项目

03 浙江省联华超市室内绿色照明节能改造项目

6 能源数据增值服务

评估分析用能数据，助力客户改善用能结构。其主要业务有综合能源管理服务平台建设，为客户提供能源评估、用能咨询等多种增值服务及碳资产管理服务等。

示例：

01 沃尔沃小镇区域能评示范项目

02 桐昆集团清洁生产审核示范项目

03 绿色制造系统示范项目

7 能源金融服务

在能源供应领域提供多种金融服务，拓展能源业务经济价值。其主要业务有融资租赁、经营性租赁、电子商务等。

示例：

宁波杭州湾新区方太理想城能源金融服务项目

（三）综合能源服务商业模式

开展综合能源服务业务时，针对客户的企业规模及经营现状等，供电所工作人员可以灵活运用多种商业模式与其开展合作。常见的综合能源服务商业模式有以下五类：

EPC是英文Engineering(设计)、Procurement(采购)和Construction(施工)的缩写形式，指由客户自己出资，委托供电公司全面负责电力工程的施工、改造的模式。

EMC是英文Energy（能源）、Management（管理）和Contracting（合同）的缩写形式，指由供电公司投资并实施的项目，用户在获得节能效益后，再以节约的能源费用支付供电公司项目投资成本的模式。

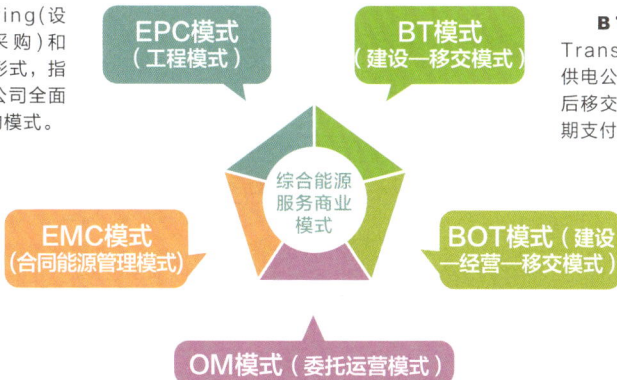

EPC模式
（工程模式）

BT模式
（建设—移交模式）

综合能源服务商业模式

EMC模式
（合同能源管理模式）

BOT模式（建设—经营—移交模式）

OM模式（委托运营模式）

B T是英文Build（建设）和Transfer（移交）的缩写形式，指供电公司负责项目的投资建设，竣工后移交给客户，客户按照合同约定分期支付报酬的模式。

BOT是英文Build（建设）、Operate（经营）和Transfer（移交）的缩写形式，指供电公司负责项目的投资建设，并在运营约定年限后将项目移交给客户，客户按照合同约定分期支付报酬的模式。

OM是英文Operation（运营）和Maintenance（维护）的缩写形式，指客户通过签订委托运营合同，将电力设施的运营和维护工作交给供电公司。供电公司对设施进行日常运营并收取管理报酬，但不承担资本性投资和风险。

除上述五类综合能源服务商业模式外，根据客户需求，供电所推出出租变压器等电气设备的租赁模式，即供电公司向客户出租设备，客户支付租赁费用，减少客户一次性投资费用，以此实现合作的双赢。租赁模式目前在供电所业务中应用较广，发展前景良好。

二、供电所与综合能源服务

（一）供电所在综合能源服务中的角色定位

供电所是电网企业的最末端，也是直面售电市场、服务电力客户、获取市场信息的最前端，承担着直接对接政府和优质客户、跟踪当地企业工程建设进度、提供供电配套服务等职责，在综合能源服务业务拓展中具有重要地位，对国家电网有限公司综合能源服务落地及"三型两网"建设目标推进具有重要意义。

具体来说，供电所是综合能源服务的：

市场需求挖掘者

业务拓展排头兵

政策落地执行者

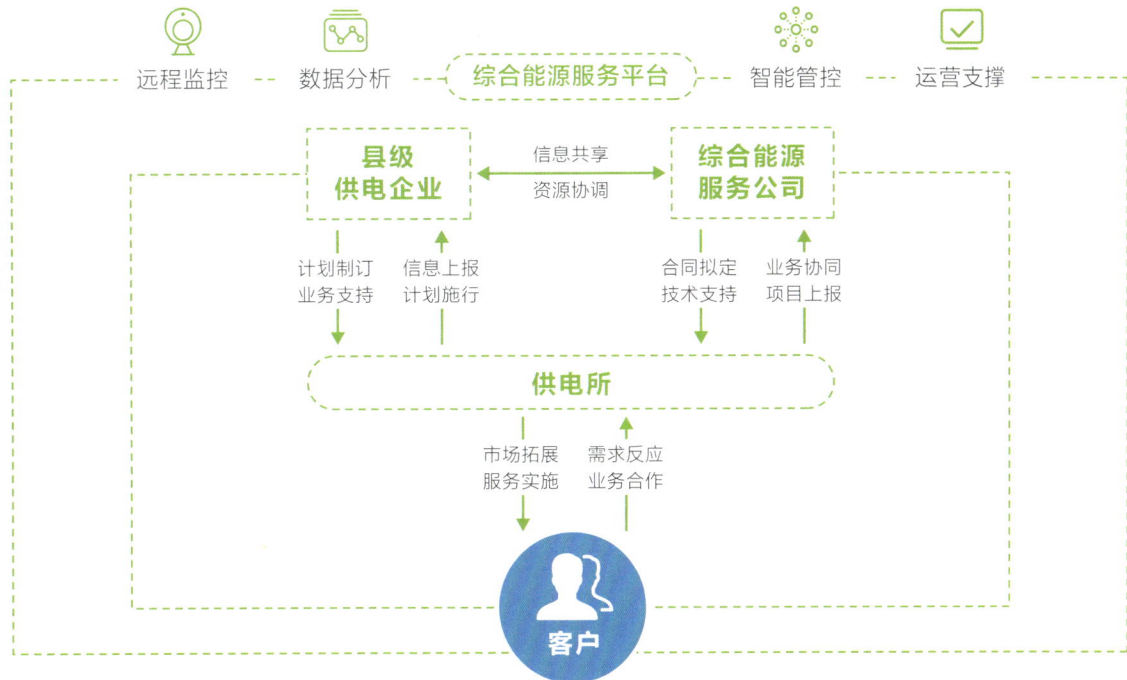

供电所与各综合能源服务主体的关系一览

（二）供电所在综合能源服务中的主要优势 ▮▙▁

1 **扎根属地，拥有丰富客户资源**

供电所员工与乡镇政府、当地企业在长期服务中形成了良好的合作关系。他们拥有大量的业务资源和客户资源，理解客户的发展痛点与用电需求，可以利用现有信息资源开拓新业务，从而助力供电公司在综合能源服务市场上保持领先地位。

2 **贴近客户，快速响应市场需求**

供电所员工是市场信息的第一手获得者。他们与客户直接接触，为客户办理各类业务。通过与客户交谈、留意客户业务办理情况、倾听客户意见等做法，能够快速感知到客户在用能方面的最新需求，便于借机推广综合能源服务业务。

3 **技术扎实，具有专业服务能力**

供电所员工技术强、服务好。他们长期从事一线生产服务工作，在"实战"中积累了丰富的工作经验，熟练掌握着客户沟通、专业答疑及服务实施等多项技能，在综合能源服务拓展中具有明显竞争优势。

（三）供电所在综合能源服务中的业务流程

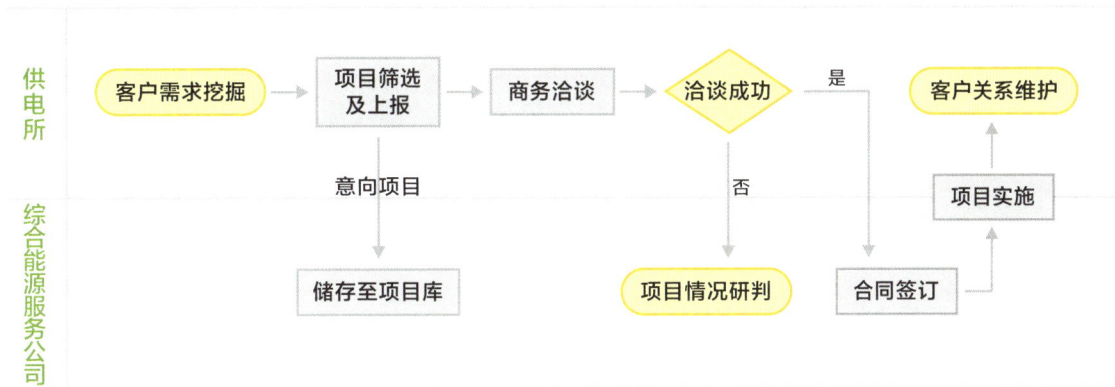

（四）供电所在综合能源服务中的主要业务

现阶段供电所涉及的综合能源服务业务主要为智慧电务、电能替代及分布式光伏。其中，智慧电务及电能替代属于能源基础服务业务，分布式光伏属于清洁能源开发供应业务。与其他综合能源服务业务相比，这三种业务发展较成熟，具有操作难度低、标准化程度高、与供电所本职工作紧密结合等特点。

发展三类业务的意义

智慧电务 —— 综合能源服务业务的入口，对拓展综合能源服务市场具有重要作用。

市场潜力巨大，对推动再电气化、拓展售电市场具有重要意义。 —— **电能替代**

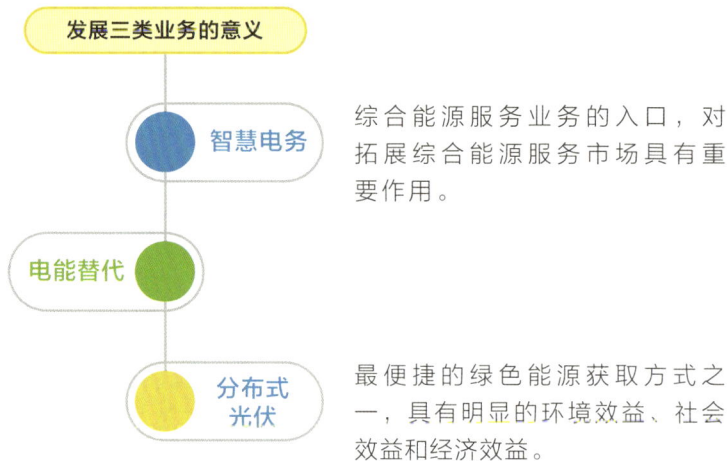

分布式光伏 —— 最便捷的绿色能源获取方式之一，具有明显的环境效益、社会效益和经济效益。

PART 2

智慧电务篇

　　智慧电务是利用现代化的物联网及云计算等技术，将互联网思维及现代服务业理念应用于传统电力行业的一种综合能源服务业务。

　　本篇分为产品简介、市场拓展和典型案例三个模块，其中产品简介对产品概念、产品优势、目标客户等内容进行介绍；市场拓展部分主要介绍了需求挖掘、商务洽谈等技巧；典型案例主要针对已开展项目进行详细说明，方便业务人员从实际案例中学习经验。

一、产品简介

（一）产品概念

　　智慧电务应用物联网、移动互联网、云计算等高新技术，为客户提供专业巡视、设备试验、配电设备操作、故障抢修、运维培训、用能优化等服务，24小时全天候保障客户的用电安全，协助客户降低生产运营成本，是客户的贴心电管家。

　　智慧电务主要通过安装电力数据采集模块（简称采集模块）实现客户用电数据采集、电气设备和用能情况监控，并进行故障预警及用能优化建议。

安装采集模块现场

数据平台监控画面

智慧电务采集模块是客户设备数据的采集渠道，安装于客户配电房出线端，可实时采集客户站点负荷数据并上传至后台，便于专业运维人员及时了解客户配电房的运行情况。采集模块主要由采集器和汇集器组成。

采集器

采集器是一种能够实时采集数据的采集装置，具备实时采集、自动储存、及时反馈、自动传输等功能，具有安装方便、使用性强、数据可靠等优点。

汇集器

汇集器是系统数据信息交换的桥梁，在数据采集传输中起到通信枢纽的作用，能够将采集器采集的数据汇集到一起，再通过以太网、GPRS发送到数据平台，具有实时性强、数据处理能力强等优点。

有线采集器

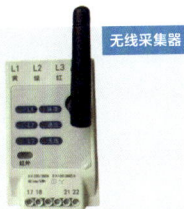
无线采集器

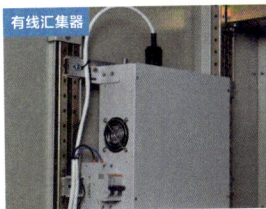
有线汇集器

无线汇集器

备注：采集器与汇集器分为有线、无线两种，其中有线设备具有价格优势，而无线设备安装、改装相对便捷，无须停电即可操作。目前，供电所主推无线采集器与汇集器。

（二）产品优势

智能管控

使用前
企业电工看管配电房，无法做到精准管控用电及设备运行情况。

使用后
远程实时监控用电数据和设备运行情况，自动预警设备异常。

用能安全

使用前
配电房缺乏专业管理，存在无人或无证操作现象，可能产生安全隐患。

使用后
由专业人员操作，并定期巡检，降低安全风险。

抢修快捷

使用前
短时间内找不到专业抢修队伍，故障查找困难，易导致停电时间延长；抢修费用不透明。

使用后
有固定的专业抢修队伍，抢修响应快，故障查找精准；可提供免费或低成本抢修服务。

降本增效

使用前
无法做到电能损耗的精准分析，难以合理规划用能方案。

使用后
根据客户实际情况，合理建议电费方案；对客户的能耗做精准规划，提高客户用能效率，降低客户电费成本。

（三）服务项目 ┃

专业巡视　　　　　　　　　　　客户配电设备代操作

故障抢修　　　　　　　　　　　运行分析

专业运维

用能实时管控　　　　　　　　　　　　　　　　设备试验

用能状态报警　　　　　　企业电工技能培训

能耗分析　　　　　　　　　　　　受电设备巡查

智能管理　　　　**服务项目**　　　　**增值服务**

1 专业运维

专业运维即帮助客户运维电力设备，主要包括专业巡视、故障抢修、客户配电设备代操作、运行分析四部分业务。

专业巡视

服务内容： 定期巡检客户配电房，安排专业巡视人员使用专业器具对客户变配电设备进行巡检，以此掌握客户配电房运行情况。

主推点： 定期巡视，及时消缺。

现场操作

故障抢修

服务内容： 在收到客户配电设备运行故障或内部停电消息后，承诺时间内抵达客户配电房，进行专业的故障抢修服务。

主推点： 及时抢修，专业抢修。

- ✓ 供电公司承诺故障处理5分钟响应；
- ✓ 供电公司承诺故障处理1小时即达核心区域；
- ✓ 供电公司承诺故障处理2小时即达偏远地区；
- ✓ 供电公司承诺全天候24小时实时监控；
- ✓ 供电公司承诺运营人员具有1000小时以上专业理论及实操培训；
- ✓ 供电公司承诺运营人员具有3000小时以上安全无事故服务经验。

故障抢修服务承诺示例

客户配电设备代操作

服务内容： 当客户需要对不熟悉的电气设备进行操作时，将会有智慧电务运维人员上门提供相应专业操作服务。

主推点： 专业电工规范操作，安全高效。

按照操作票进行规范操作

运行分析

服务内容： 汇总分析工作人员现场运维及后台监控过程中发现的问题，定期出具分析报告，确保客户配电设备运行安全。

主推点： 及时发现问题，清理安全隐患，提高能源利用率。

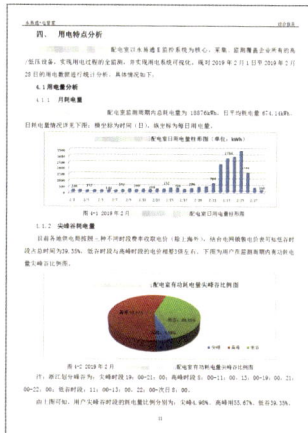

运行分析报告示例

② **智能管理**　　　　智能管理依托于远程监测服务，为企业配电房、用电设备提供监测服务，能够24小时全天候监控企业用电设备的运行状况，主要包括用能实时管控、用能状态报警和能耗分析。

用能实时管控

服务内容： 在客户低压出线侧安装采集设备，监测出线的电流、电压、功率等电力数据，实时上传至后台，客户可同步查看。

主推点： 精细化实时监测，用能数据历史回顾。

用能数据展示界面

用能状态报警

服务内容： 当客户出现电流电压超限、单相或三相失压、配电房失电、温度超限等情况时，系统通过短信及App端推送报警信息。

主推点： 及时预警、减少损失。

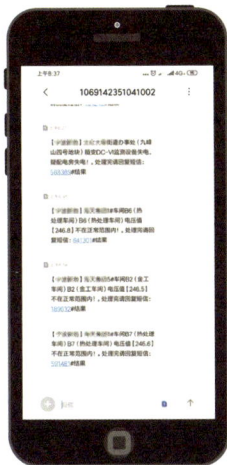

用电状态报警短信示例

能耗分析

服务内容： 对客户的用电数据如功率因数、负荷特性、用电结构、负载率等进行综合分析，发现客户用电潜在问题，并给出调整建议。

主推点： 能耗分析，优化用电，降低电费。

用能特点	建议改进方法
功率因数电费支出	检查优化无功补偿装置（电容及控制器）
三相负荷不平衡	及时合理调整负荷分配
用电结构不合理	改进生产方式，合理利用峰谷电
变压器容量利用不合理	提供合理的基本电费计算方式或提供减容、增容建议
⋮	⋮

优化措施表

3 增值服务　　　增值服务是智慧电务基于专业运维、智能管理提供的特色化延伸服务，主要包括设备试验、企业电工技能培训、受电设备巡查三部分内容。增值服务需和客户另行规定费用。

设备试验

服务内容： 定期为客户制定合理的配电设备试验及保养方案，并由专业的队伍提供试验及保养服务，确保客户用电安全。

主推点： 方案合理，队伍专业。

设备试验单

企业电工技能培训

服务内容： 为有电工队伍的客户提供电工业务培训课程，教会企业电工必要的设备运维技术。

主推点： 高效提升电工专业技能。

企业电工技能培训

受电设备巡查

服务内容： 对客户的受电设备进行安全巡查，及时发现各类安全隐患，如导线裸露、接地不良等。

主推点： 确保客户用电安全。

受电设备巡查

（四）目标客户

1 公共事业单位

公共事业单位是指由国家机关举办或其他组织利用国有资产举办的，从事教育、科技、文化、卫生等活动的社会公共服务组织。

典型客户： 学校、医院、乡镇政府等。

学校 | 医院 | 乡镇政府

重点需求： 安全用电、专业运维。

推荐服务： 电力设备运维、用电方案策划、节能方案策划。

2 产业园区

产业园区通常为一个产业的聚集地，园区类客户指的是在划定的产业园区内从事生产、经营工作的企业。

典型客户： 工业园区、新兴产业园区等。

汽配工业园

模具工业园

机械制造工业园

重点需求： 提高能效水平、集中管控。

推荐服务： 以电为中心的能源综合利用服务，建立园区综合能源服务站、电能管理集控站。

3 **大中型企业** 　　大中型企业是指生产规模大、用电需求量高、设备较复杂的用电客户。

典型客户： 电子、汽车制造、纺织企业等。

设备制造企业

汽车制造企业

起重机制造厂

重点需求： 安全平稳，降本增效。

推荐服务： 企业电工技能培训、专业定期运维、能效分析。

4 小微型企业   小微型企业指员工数量较少、生产经营成本较低的用电客户。

典型客户： 制箱厂、制纸厂等小型加工厂。

制纸厂

制鞋厂

代加工厂

重点需求： 降低用电成本，降低安全风险。

推荐服务： 配电室代运维、周期巡视、视频监控。

智慧电务目标客户特性汇总表

序号	客户痛点	客户需求	解决方案
1	功率因数电费支出	提高功率因数	远程监控功率因数，管控无功补偿装置；分析客户负荷数据，合理调整无功负荷
2	配电设备无人操作	需要专业持证电工操作	提供客户配电设备操作及电工技能培训服务
3	电力设备运维费用高	需要低成本高质量的运维服务	提供7×24小时的专业运维服务
4	受电设备存在隐患	及时发现设备隐患	实时监控，及时发现设备隐患，并进行缺陷登记及消缺
5	电费结构不合理	降低用电成本	精准分析客户的用电结构，制订合理的电费方案

小节回顾：自我检测清单

知

1. 我已**知道**智慧电务是什么及智慧电务采集模块的构成，能为客户清楚地介绍产品。

2. 我已**知道**智慧电务服务的产品优势，并能说清客户使用后可以获得哪些收益。

3. 我已**知道**智慧电务服务的主要内容和服务方式，可以向客户推荐我们的服务项目。

4. 我已**知道**目标客户的需求点，并能将智慧电务业务与客户的需求点很好地结合起来。

二、市场拓展

（一）需求挖掘

智慧电务潜在客户挖掘的方法主要有两种，一种是系统查询，另一种是现场了解。系统查询即通过查看采集系统和营销系统的功率因数、配电变压器负荷等数据挖掘潜在客户；现场了解即在拜访客户、例行检查等情况下观察判断客户的智慧电务服务需求。

系统查询

现场了解

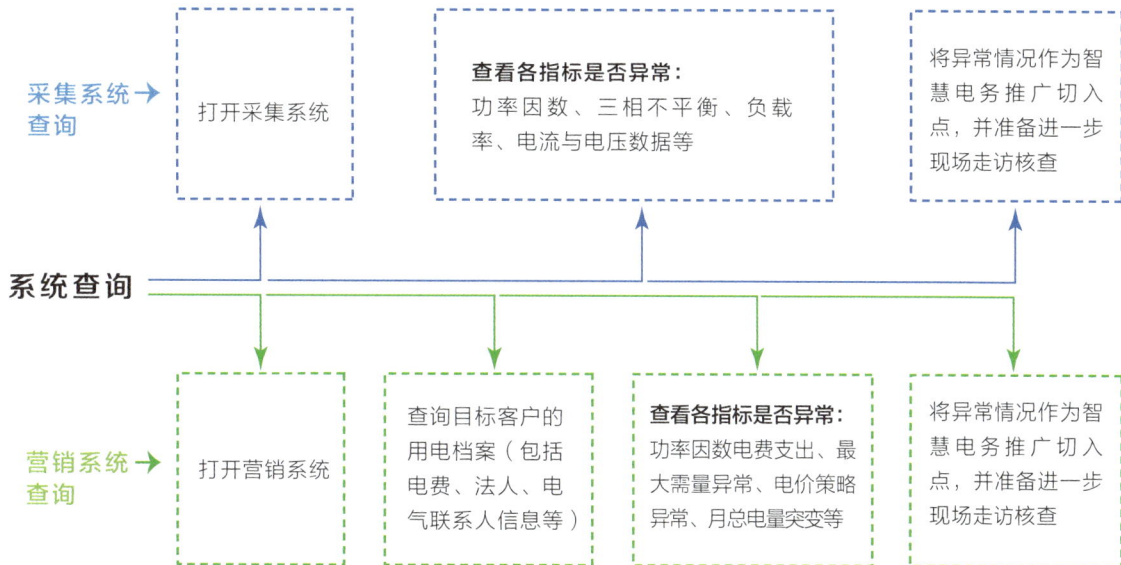

采集系统查询 →

打开采集系统

查看各指标是否异常：
功率因数、三相不平衡、负载率、电流与电压数据等

将异常情况作为智慧电务推广切入点，并准备进一步现场走访核查

系统查询

营销系统查询 →

打开营销系统

查询目标客户的用电档案（包括电费、法人、电气联系人信息等）

查看各指标是否异常：
功率因数电费支出、最大需量异常、电价策略异常、月总电量突变等

将异常情况作为智慧电务推广切入点，并准备进一步现场走访核查

现场了解

看 查看客户配电房设备状况、管理情况，并判断是否具备采集模块安装条件（如采集模块所需安装数量、安全距离等）

询问客户是否配有专业电工、是否发生过电气设备事故、电费支出情况、故障停电对生产的影响程度等 **问**

查勘配电房等场地时应及时进行现场拍照。

重要查勘点：

（1）配电房的整洁程度；

（2）受电设备有无异常；

（3）无功补偿装置是否正常；

（4）是否有专业电工管理；

（5）电压、电流是否正常。

（二）商务洽谈

1 客户沟通

沟通准备

了解目标企业

- **关注要点：**
✓ 沟通前需要关注以下要点：公司业务、公司运行状况、用能情况、配电房管理情况等。
- **了解方式：**
✓ **询他法：** 向朋友、同事等询问企业信息，询问前应先说清询问目的。
✓ **自查法：** 通过采集系统、营销系统、天眼查网站等途径了解企业信息及用能情况。

洽谈方案准备

- **做法解释：**
✓ 在与客户沟通之前，要根据客户的真实痛点，如功率因数电费支出、配电房无人管理等，制订有针对性的解决方案。
- **准备内容：**
✓ 客户在使用服务后，可节约电费及人力成本的估算。
✓ 客户配电房现存风险点及可能导致的安全风险推演。

功率因数电费： 比如客户当月功率因数电费为1万元，那么通过管理，一年可为客户节省成本12万元，再加上功率因数提高可减收电费，大致一年可为客户节约成本15万元。

配电房无人值守巡视，无法及时发现缺陷，导致安全事故 。

可节约成本推算

洽谈方案准备
【 示例 】

安全风险推演

人力成本： 目前市场上雇佣一个专职电工的成本约8万元/年，按照一台1000kVA的变压器计算，采用智慧电务后客户可节省7万元/年的人力成本 。

用电过程无人管理，导致功率因数电费居高不下，运行成本增加，甚至影响电网正常运行。

沟通策略

　　初步沟通时，最重要的便是通过客户的痛点进行话题切入，引导客户深入了解智慧电务服务产品。

客户沟通
切入点

电力设备
运维费用高

功率因数
电费支出

电费结构
不合理

受电设备
存在隐患

配电设备
无人操作

示例话术

客户痛点为功率因数电费支出时：

1 我们今天过来是为了了解你在电力方面的需求，以便今后在用电方面可以更好地为您服务。

2 好的。

3 请问你日常有没有留意过公司电费账单，上面有一个功率因数电费。

4 有是有，但是没怎么仔细看。

⑤ 这个功率因数电费的正负值可以影响到你的电费呢，正值是增加了你的电费，而负值可以减少你的电费。

⑥ 我看看我们的电费单，还真是哎，但是我们那条电费都是正值的样子，不是浪费了很多钱，这该怎么办呀？

⑦ 别担心我们供电公司智慧电务业务能够帮你进行功率因数电费管理，不但不会让公司被罚钱，还可以帮公司节省电费开支。

⑧ 那太好了，赶快来介绍一下。

客户痛点为配电设备无人操作时：

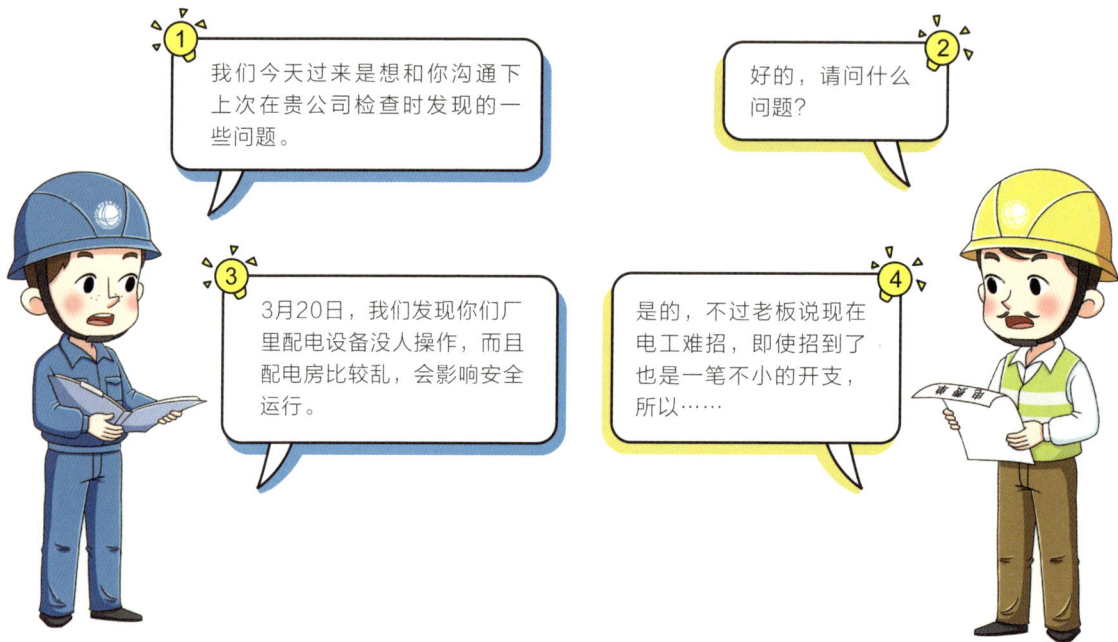

① 我们今天过来是想和你沟通下上次在贵公司检查时发现的一些问题。

② 好的，请问什么问题？

③ 3月20日，我们发现你们厂里配电设备没人操作，而且配电房比较乱，会影响安全运行。

④ 是的，不过老板说现在电工难招，即使招到了也是一笔不小的开支，所以……

5 别担心，我们有专业的队伍可以提供代运维服务，可以帮你们解决这些问题。

6 代运维？听起来挺适合我们的。

7 是的，目前很多工厂已经采用了我们的代运维服务。我给你详细介绍一下吧。

8 嗯，好的。

2 客户说服

前期沟通能够让客户对综合能源服务产品产生兴趣，但客户可能还会有一些购买顾虑，这时便需要强调产品的优势来说服客户，消除客户的抵触想法，让客户坚定使用智慧电务产品的信心。

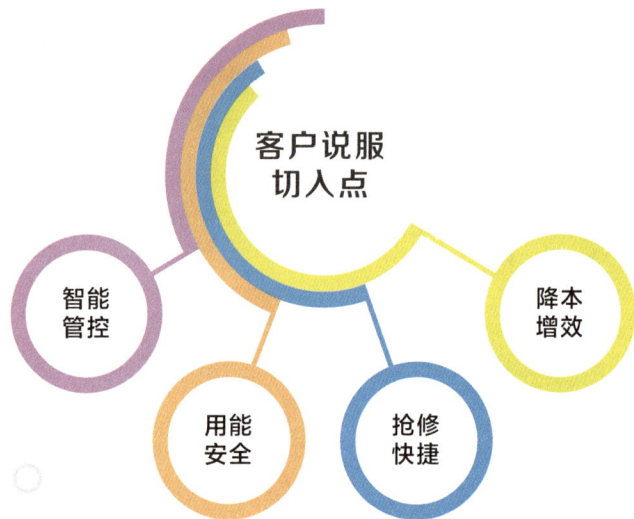

客户说服切入点

- 智能管控
- 用能安全
- 抢修快捷
- 降本增效

示例话术

强调优势为用能安全时：

（1）王总，您对我们这边还有什么顾虑吗？

（2）厂里现在有电工，是和别的公司共用的一位电工，也挺好的。

（3）这样啊，那他专不专业呀，有没有相关证件？

（4）这个不是很清楚，其他公司都请了，应该是有的吧。

⑤ 王总，一个专职的、持有高压电工证的电工才能更好地管理配电房的设备，才能及时发现故障和潜在问题，消除安全隐患，保障厂里安全可靠地用电。

⑥ 哦，但是现在找一个非常专业的电工不太容易，而且专职电工的工资也比较高。

⑦ 王总，这个您不用担心，我们供电公司的智慧电务服务可以为您提供专业的配电房运维，定期为您公司配电房的设备进行巡检，降低安全风险。

⑧ 对，还是你们专业，签合同吧。

强调优势为抢修快捷时：

1 张师傅，你对我们的产品还有哪些疑问吗？

2 主要是成本有些高，也不知道怎么和老板沟通啊。

3 哦，这样呀。听说你们厂的配电房发生了故障？

4 是的，前几天配电房里面跑进来一只老鼠，钻进了开关柜里面，造成了跳闸停电。

5 哦，那停电对你们厂的生产影响大吗？

6 影响很大啊。当时电工查不出原因，花了好长时间都解决不了，导致我们一条生产线损失了好几十万，最后请了你们供电公司的人才解决的。

7 既然停电的影响这么大，你们是十分适合智慧电务服务的。我们有固定的专业抢修队伍，能快速到达抢修地点，为工厂减少停电时间和停电损失。

8 那好呀，我马上和领导汇报一下。

小贴士
准备说服客户时，可以通过移动终端设备向客户形象地展示推荐产品的性能、优势等；同时随身携带POS机、意向协议、拟好的合同等，方便客户明确意向后及时签约。

③ 合同签订（供参考）

智慧电务综合服务合同

甲方：宁波市北仑区 XX 厂
乙方：国网浙江综合能源服务有限公司宁波分公司

按照《中华人民共和国合同法》和其它相关法律、法规的有关规定，遵循平等、自愿、公平、诚实的原则，为明确双方的权利和义务，双方协商一致，达成以下协议条款：

1、合同标的
1.1 甲方将配电房综合服务业务_____年服务费用。
1.2 乙方委托运维监测的设备_____，变压器总容量为：_____800_____ kVA。

> **委托运维对象信息的确认**

1.3 乙方按甲方需水在甲方_____监测及报警系统，乙方所安装的监测_____现场已办竣手续。

> **客户方权利义务的确认**

2、甲方的权利和义务
2.1 甲方将获得乙方提供的以下服务。
2.1.1、甲方可以获得专属账宾账号及手机 APP 端账号，登录《WWW.JIANKONG-E.COM/》实时查看受配电站的实时运行数据。
2.1.2、乙方每月提供电子账《受配电房月度运行报告》。
2.1.3、乙方协助甲方做好各项触电、电气火灾的安全预防工作。
2.2 甲方配电房应配齐经检验合格的安全工器具及消防器材。
2.3 甲方或其工作人员未经乙方同意不得擅自拆除或操作乙方设备。
2.4 甲方负责监测设备的通信环境建设，甲方配电房采用有线通信网络的，通信网络上网带宽不低于 2 M（视频监控必须采用有线通信网络）；甲方配电房采用无线通信网络的，通信网络须满足中国移动 4 G 信号全覆盖。

3、乙方的权利和义务

> **我方权利义务的确认**

3.1 乙方在接受委托管理前，有权对配电房进行全面检查和审核电试维保检验报告。对发现的安全隐患，包括但不限于设计、施工质量、设备、站本体建筑、安全防护等方面的安全隐患，以书面形式提交甲方，甲方应及时进行消除，否则由此而引致的事故，均由甲方负责，乙方不承担责任。
3.2 乙方有权在合同终止或双方协议提出解除后，从甲方电气设备上将系统拆除，恢复原样。甲方应积极配合设备的拆除工作。
3.3 乙方应按照本合同明确的责任范围，提供电力设备的监测、数据分析及其他电力综合服务。
3.4 因乙方人员服务过程中造成甲方设备损坏，乙方应负责无偿修复或更换。因乙方人员巡检过程中造成自身损坏的，乙方人员自行负责。
3.5 乙方应向甲方报告已发现的设备潜在风险。
3.6 遇到特殊紧急情况，应甲方要求乙方安排专业单位原则上 **②** 小时内到达现场。

4、运行流程及监控系统安装流程
4.1 双方达成合同意向后，由乙方安排专业人员实地现场踏勘，确定施工方案，并交由甲方审核。
4.2 甲方同意施工方案，授权乙方进行安装或部分改造，乙方须在安装结束后与甲方进行确认、修实。
4.3 常规维护、维修服务收人工费，设备更换的人工、材料费视具体情况按实结算，双方协商确认。
4.4 甲方电力设备需要止常检修、试验，乙方有偿实施，费用按实结算。

> **服务期限的确认**

5、服务期限：_____3_____年，自 __2019__年 __8__月 __1__日至 __2022__年 __7__月 __31__日。
6、服务边界：__XXXXX__ 受配电站内告压

> **服务边界的确认**

出线电缆侧（不包括电缆线路）。

7、收费范围：

上述合同价格不包括维修费用，维修费用由甲方另行支付乙方。

8、工作责任人：

8.1 甲方第一责任人： 张 X ，手机：138XXXXXXXX

　　甲方第二责任人： 王 X ，手机：187XXXXXXXX

8.2 乙方责任人：

运营中心 24 小时服务电话：0574-51100000

　　乙方第一联系人： 陈 X 手机：135XXXXXXXX

　　乙方第二联系人： 郑 X ，手机：138XXXXXXXX

【付款金额、方式及期限的确认】

8.3 甲、乙双方变更工作责任人

9、服务费用支付

9.1 甲方须向乙方支付年服务费用，计人民币 10000 元，大写 壹万元 整，第一年度服务费用在合同签订生效后的 10 日内，乙方向甲方提交税率为 6% 的增值税专用发票，在合同签订生效后的 10 日内甲方向乙方一次性支付。

9.2 第二年度（及后续年度）费用 **【保密及违约协议的确认】** 10 日内甲方一次性向乙方支付，以此类推。

10、保密及违约责任

10.1 在系统运行期间，甲方应确保乙方系统的完好，不得打开先体，更不得将系统向第三人展示，但经乙方同意后，甲方可允许第三方参观系统的运行工况。

10.2 双方应保证本合同及其他文件不泄露给任何第三方。

10.3 甲方未能按照本合同的约定向乙方支付服务报酬的，除支付其应付服务费外，还应按其应付而未付款项的每日万分之七的比例向乙方支付违约金。

10.4 乙方不能按本合同约定为甲方提供服务，经甲方书面催促后 7 日内乙方仍无法采取有效措施补救的，则乙方应按年服务费的 20% 向甲方支付违约金，同时甲方有权解除合同。

10.5 如甲方违反本合同第 10.1 条的规定，甲方应向乙方支付相当于年度服务费 20% 的违约金并赔偿乙方因此而受到的全部损失。

10.6 甲方不能按本合同约定为乙方提供协助或配合的，经乙方书面催促后 7 日内甲方仍无法采取有效措施满足乙方要求的，则乙方有权解除合同，甲方应按年度服务费的 20% 向乙方支付违约金，违约金不足以弥补乙方损失的，甲方由予以补足。

10.7 乙方责任造成甲 **【免责条款的确认】** 行服务边界内的设备损失做出赔偿。乙方支付赔偿 　　 务费的 1 倍。

11、免责条款

11.1 因甲方未告知电力设备设计、安装不当的先天隐患、设备、原器件本身质量问题等原因引起的损失，乙方不承担赔偿责任。

11.2 服务过程中，因甲方 Internet 通讯中断，或者通讯服务商，如移动、电信网络中断服务引起的数据丢失、延误等非乙方原因引起的损失，乙方不承担赔偿责任。

11.3 乙方人员在甲方配电房内工作由于乙方自身原因引起的乙方人员伤亡，甲方不承担赔偿责任。

11.4 按月向甲方工作负责人提供的电子版《受配电站月度运行报告》，邮件发出视为送达。甲方不采纳《受配电站月度运行报告》中的安全运行意见而导致受配电站电气设备故障，乙方不承担责任。

11.5 法律规定的不可抗力等因素造成的损失，乙方不承担赔偿责任。

11.6 乙方最高赔偿额为月服务费的一倍。

12、本合同如在履行过程中发生争议，则双方应通过协商解决。如果双方不能协商解决争议，则任何一方均可将争议提交乙方所在地人民法院通过诉讼解决。

13、经双方协商一致，可对本合同条款进行修订、更改或补充，以书面为准，并与本合同具有同等法律效力。

14、本合同经双方法定代表人（负责人）或其授权代表签署并加盖双方公章或合同专用章之日起生效，至服务期满之日止。合同期满后，本合同终止日期以最后一方签署并加盖公章或合同专用章的日期为准。如需续订合同，在期满前的壹个月双方签署合同续约。

合同自动续签的确认

15、本合同正本一式肆份，双方各执贰份。本合同中未尽事宜双方协商解决。

（以下无正文）

签署页	
签署页信息的确认	
甲方：宁波市北仑区 XX 厂 （盖章）	乙方：国际测社有限能**源**地方有限公司宁波分公司 （盖章）
法定代表人（负责人）或 授权代表（签字）：	法定代表人（负责人）或 授权代表（签字）：
签订日期：2019.08.01	签订日期：2019.08.01
地址：宁波市北仑区明州路 X 号	地址：宁波市北仑区富春江路 X 号
联系人：张 X	联系人：陈 X
电话：138XXXXXXXX	电话：135XXXXXXXX
传真：0541-6455XXX	传真：0541-6472XXX
mail：	Email：
开户银行：建行北仑区支行	开户银行：工行北仑区支行
账号：622103667891XXXXXXX	账号：955885120203XXXXXXX
统一社会信用代码： 91330206MU787XXXXX	统一社会信用代码： 91330203MA2CKXXXXX

（三）客户维护

1 维护客户关系

● **具体做法**

及时有效的沟通　　　定期运维检修时，及时获取客户对产品的反馈，第一时间沟通解决客户的疑问和不满；添加客户微信，在朋友圈做营销引导。

为客户提供增值服务　　　除了提供优秀产品外，针对客户需求，为客户提供超预期的帮助和支持，如定期提醒设备试验、为客户进行线上用电知识普及。

小贴士

添加客户微信后，可以在朋友圈发布智慧电务产品的相关介绍，包括产品功能、客户正向反馈、现场服务照片等。

2 客户二次开发

● **具体做法**

| 资料整理 | 对客户资料汇总整理并封装储存，方便以后分析客户业务、再次挖掘客户需求。 |

推广智慧电务其他业务

挖掘客户对智慧电务的其他需求，向客户推荐更高服务标准的智慧电务产品。

推广其他综合能源服务

挖掘客户综合能源服务应用潜力，向其推广其他综合能源服务（如屋顶是否适合安装分布式光伏，厂区是否有电能替代需求，是否需要电力金融服务等）。

小节回顾：自我检测清单

看　问　答

- 我会看目标客户的配电房管理现状，有无专人管理等；
- 我会看目标客户配电房管理人员资质是否合格；
- 我会看目标客户的电费构成，如功率因数电费是否异常；
- 我会看目标客户配电设备是否定期维护及试验。

- 我会问目标客户电费构成，询问客户是否有智慧电务了解意向；
- 我会问目标客户对配电设备的管理运行风险是否了解；
- 我会问目标客户对产品购买还存在哪些顾虑，并帮他一起参谋。

- 我能回答智慧电务的主要服务内容及服务流程；
- 我能回答智慧电务服务的主要优势及特点；
- 我能回答智慧电务会帮客户降低用能成本的大致数额。

三、典型案例

　　本部分通过两个案例介绍供电所台区经理推广智慧电务的经验。同时，为了充分调动员工拓展综合能源服务业务的积极性，实现多能多得、多劳多得、干好多得，有效衡量供电所员工在综合能源服务推广过程中的工作成效，案例后面提供了综合能源服务业务积分规则，可供参考。

案例一　某铸造厂智慧电务项目营销案例

1　发现客户需求

　　某铸造厂是该地区的龙头企业，用电成本占总生产成本的8%【了解客户用电情况】。铸造厂之前申请了设备暂停流程，台区经理在协助办理的过程中发现了工厂缺少专业电工的问题【看到客户需求】。

2 进行客户沟通

台区经理告知该企业的负责人缺少专业电工、配电房管理不善将会带来的风险及后果【**与客户沟通需求**】，并向客户推荐供电公司的智慧电务服务【**推荐智慧电务**】，详细地介绍了该产品的优势及收益【**陈述产品优势及回报**】。该企业的负责人非常感兴趣，向台区经理详细了解了智慧电务服务的详细信息，并初步确定了合作意向，签订了意向协议【**签订意向协议**】。

配电房凌乱

3 合同签订

台区经理当即对该企业受电设备进行了现场观测记录，随后拟定了智慧电务合同【**拟定合同**】，并于次日带给客户。无异议后，双方签字盖章，正式确立服务关系【**签订合同**】。

4　后续服务

从合同的签订到采集模块的安装验收，台区经理全程陪同跟踪【工程进度全程跟踪】，并对采集模块进行现场调试【工程质量跟踪】，客户对供电所全过程一站式服务非常满意。此后台区经理一直与该企业负责人保持联系，及时跟进客户的后期运维服务需求【客户关系维护】。

业务操作流程及贡献度计算规则

下表依据具体工作流程制定了员工贡献度计算规则，结合前文案例评估员工个人贡献度，便于清晰直观地了解业务进程和工作成效。

业务操作流程

流程	具体流程	解决方案
搜索目标客户（2分）	系统信息查询 现场信息收集	成功搜索得到有智慧电务服务需求目标客户（2分）

业务操作流程

流程	具体流程	解决方案
客户沟通说服 （6分）	与客户沟通需求	成功与客户建立良好的人际关系（2分）
	推荐智慧电务	向客户推介供电公司的智慧电务产品方案（2分）
	陈述产品优势及回报，签订意向协议	成功说服客户并签订意向协议或达成初步意向（2分）
合同签订 （5分）	拟定合同	合同文本内容准确无误（2分）
	签订合同	成功签订合同（3分）
工程跟踪 （4分）	工程进度全程跟踪	相关工程进度控制符合客户要求（2分）
	工程质量跟踪	相关工程质量符合国家标准（2分）
客户关系维护 （6分）	增加客户沟通渠道	添加客户微信（2分）
	维持良好关系	定期推送节日祝福（1分） 成功转介绍其他综合能源业务（3分）
运维服务 （2分）	长期运维服务	提供运维服务（2分）

本案例中台区经理个人贡献度得分如下：

个人贡献度得分						
流程	搜索目标 客户（2分）	客户沟通 说服（6分）	合同签订 （5分）	工程跟踪 （4分）	客户关系 维护（6分）	运维服务 （2分）	总分 （25分）
打分	2	5	5	3	3	2	20

案例小贴士

上述案例中配电房的情况是比较普遍的，在很多中小型企业中都存在缺少专业电工、配电房缺乏管理等问题，所以在对这些企业进行现场业务处理时，可携带好提前准备的智慧电务合同，争取与客户交流后现场签订合同，提高服务效率。

案例中的失分点主要体现在客户关系维护方面，实际工作中台区经理还需在合同签订后更好地处理与客户的关系，增强客户的服务体验。

案例二　某零部件制造公司智慧电务项目营销案例

1　发掘需求、联系客户

　　台区经理老张在对企业进行智慧电务推广目标筛选【主动进行目标系统筛选】时发现，辖区内的某公司功率因数电费异常。他主动跟客户联系反映了这个问题【主动邀约联系】，客户听了老张的描述后邀请他来现场查看【现场走访】。

2　智慧电务产品推荐

　　老张在现场发现客户的无功补偿装置中，多个电容鼓包失效了【发现问题】，遂与客户电气负责人反映了此项问题，确定了这是由于设备管理不善造成的，老张趁机向客户电气负责人推荐了智慧电务产品，并介绍了智慧电务服务中24小时在线监测功率因数的服务。24小时在线监测功率因数服务可通过后台发现问题并及时反馈，一年可以给工厂降低电费约两万余元【主动沟通需求】，客户听后很感兴趣，并表示愿意进一步和老张沟通相关事宜。

电容器鼓包失效

3　合同签订

　　老张在离开前给客户电气负责人留下了相关的服务介绍资料，并加了他的微信【增加客户沟通渠道】。通过随后几天的联系沟通，于当周，与这家公司签署了智慧电务项目合同【签订合同】。

4　后续服务

　　合同签订后，老张一直跟踪着这家公司的智慧电务服务情况，并对客户的问题进行耐心解答。过了不久，这家公司的电气负责人向行业中的其他公司推荐了智慧电务服务，并把老张的联系方式给了他们【维持良好关系】。

　　本案例中台区经理个人贡献度积分如下：

个人贡献度得分							
流程	搜索目标客户（2分）	客户沟通说服（6分）	合同签订（5分）	工程跟踪（4分）	客户关系维护（6分）	运维服务（2分）	总分（25分）
打分	2	5	5	4	5	0	21

备注：业务操作流程及贡献度计算规则同上。

案例小贴士

通过上述案例可知，主动进行目标客户系统筛选是进行综合能源服务推广的有效方式。客户经理老张正是利用空余时间对采集系统里的数据进行筛查，才能有力地说服该公司办理智慧电务业务。

案例中的失分点主要体现在运维服务方面，实际工作中老张还可以加强后续的运行维护工作，进而提升客户满意度。

PART 3

电能替代篇

电能替代主要是指利用电能代替煤、油、气等其他终端能源，通过大规模集中转化来提高燃料使用效率、减少直接污染排放。

本篇分为产品简介、市场拓展、典型案例三个模块，产品简介包含了电能替代的具体介绍、产品优势、目标客户等内容；市场拓展主要介绍了需求挖掘、商务洽谈等技巧；典型案例主要对已实施项目进行详细说明，方便业务人员从实际案例中学习经验。

一、产品简介

（一）产品概念 ⅠL

电能替代，主要是利用电能代替煤、油、气等其他终端能源，通过大规模集中转化提高燃料使用效率、减少直接污染排放，取得改善终端能源结构、促进环保的效果。

因为电能相对于煤炭、燃油，具有清洁、安全、便捷等优势，推广电能替代业务对推动能源消费革命、落实国家能源战略、促进能源清洁化发展具有重大意义。

港口岸电

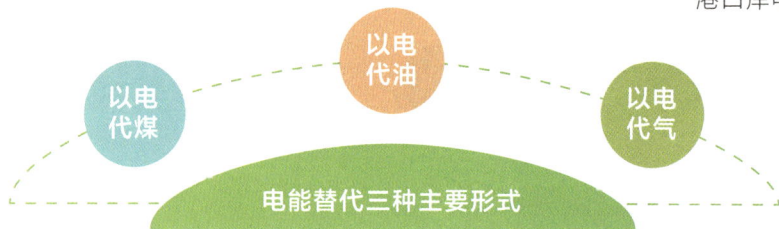

以电代煤　以电代油　以电代气

电能替代三种主要形式

电能替代三种主要形式的概念及典型产品

主要形式	概念解释	典型产品
以电代煤	将工业锅炉、工业煤窑炉、居民取暖和厨炊等设施从用煤改为用电，减少直接燃煤和污染排放总量	分散式电采暖、热泵、电锅炉、烘干机
以电代油	大力发展全电港口、电动汽车、电气化交通等，实现减轻对石油资源依赖、减少环境污染的效果	港口岸电、电动汽车、电动公交车
以电代气	在生产生活领域使用电能替代煤气、天然气等气体能源，提高电能占终端能源消费比重，减少碳排放，缓解气体能源的供应压力	烤箱、电蒸锅、热水器、电磁炉

　　按照行业划分，电能替代设备中常见的工业生产类设备有电窑炉、热泵、电锅炉等；农业生产类设备有电制茶、电烤烟、农业电排灌等；交通行业类设备有港口岸电、电动汽车、轨道交通等；餐饮行业类设备有电蒸锅、电炒锅、电磁灶等。

电蒸箱

电窑炉

电磁炉

烘干机

电动汽车

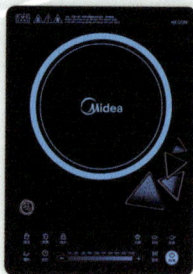

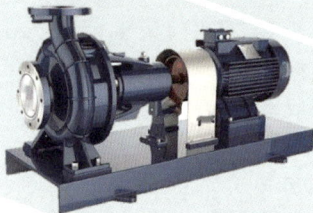

电动机泵

产品优势

电能替代项目主要优势

主要优势	使用前	使用后
健康环保	使用柴油、煤炭等燃料类能源易造成固体废物污染、雾霾等环境问题，产生健康威胁	减少废气、废物排放，改善生活环境，有利于人体健康
用能安全	具有火灾、爆炸、煤气中毒等安全隐患，危险性高	减少明火及有毒气体的威胁，安全可控性强
经济划算	设备功能少，难以对温度、时间等进行精益化控制，经济效益较差	设备具有较多功能选项，能精准控制温度、时间等，经济效益好

（二）服务项目 |⌐

咨询服务与方案设计

方案策划
服务

设备采购
工程施工

设备施工
服务

服务项目

后期维护
服务

智能监测
运行维护

1 方案策划服务

咨询服务与方案设计

服务内容： 通过询问客户用能需求、分析企业用能结构、勘查厂区内环境等方式，把握客户实际情况，联系综合能源服务公司开展电能替代方案设计。根据综合能源服务公司提供的方案，向客户介绍方案内容，并着重突出收益、消耗及综合效益。

主推点： 国家电网品牌优势、能源行业经验丰富。

附件 3.

潜力用户电能替代初步技术方案(模板)

一、用户信息

用户编号	54200522XX	用户名称	慈溪市XXX院	供电单位	慈溪供电公司
行业类别	医院	联系方式	138058227X	电压等级(kV)	交流10kV
合同容量(kVA)	3200	日间运行容量	3200	夜间运行容量	3200
用途	采暖制冷	建筑保温情况	无	采暖面积(万㎡)	5000

二、现设备信息

现设备类型	燃气采暖	设备总功率(kW)	5000	年耗能量(万)	800000
年工作时间(h)	4380	计划改造时间	2019.1	其他	

三、电能替代设备信息

替代技术领域	空调	细分技术		设备总功率(kW)	6000
年最大运行时间	5400	改造工期	2019.1	其他	

四、效益分析

项目	现用煤设备	现用油设备	现用气设备	电能替代设备
所有能源	煤	燃油	天然气	电
能源单位	kg	kg	㎥	kWh
能源热值/MJ	22	42	36	3.6
热效率/%			60%	80%
年能源消耗量			800000	2900000
能源单价/元			3	0.61
能源费用/元			2400000	2100000
年人工费用/元			400000	300000
年总运行费/元			2800000	2400000
政策补贴	/		/	
装置寿命			10年	8年
环境影响	每年排放二氧化碳等污染物*吨	每年排放二氧化碳等污染物*吨	每年排放二氧化碳等污染物*吨	无污染
备注说明				

电能替代初步技术方案

② 设备施工服务

设备采购

服务内容： 根据客户选择的方案，提供多种型号的电气设备供客户选择，并代客户实施采购。

主推点： 供货商多，价格公开，质量保证。

工程施工

服务内容： 设备进场前，按图纸设计完成土建工程。竣工后，将电气设备安装到户。

主推点： 专业安装团队，施工管理规范，工程质量保证。

③ 后期维护服务

智能监测

服务内容： 对客户的电能替代设备进行数据采集，分析其工作状态；对电压、电流、频率等数据进行监控，实现异常提前预警。

主推点： 数据实时监控，服务平台强大。

运行维护

服务内容： 按客户需求对设备进行常规维护、缺陷检查及零件更换等。

主推点： 人员专业，服务及时。

（三）目标客户 ▐▁

1 　**工业生产类客户**　　　工业生产类客户是指原料采集与产品加工制造行业的客户，主要分为轻工业和重工业两类。

典型客户：　服装、印染、铸造等企业及玻璃、陶瓷等行业。

机床加工厂

化工厂

器械制造厂

重点需求：　用能可靠、节约成本。

服务产品：　电锅炉、电窑炉等。

2 景点景区类客户　　　　景点景区类客户是指接待游客进行旅行、参观、游玩等休闲娱乐活动的客户。

典型客户： 饭店、餐馆、场馆及酒店等。

乡村民宿

港口博物馆

影视拍摄基地

重点需求： 提高安全性、清洁环保。

服务产品： 分散式电采暖、全电厨房、充电桩等。

3 农业生产类客户

农业生产类客户是指从事农业、农学、畜牧、植保、农副产品加工等专业的客户。

典型客户： 茶厂、农田、烟草制造企业等。

产茶基地

电气化大棚

河虾养殖基地

重点需求： 高效用能、节约人力。

服务产品： 电制茶、电烤烟、农业电排灌等。

4 居民类客户

居民类客户是指长期定居于某一地点的人群，其日常需求包括衣、食、住、用、行等。

典型客户： 老旧小区及新式住宅等。

乡镇住宅

城市小区

高档社区

重点需求： 安全节能、方便快捷。

服务产品： 电热水器、电蒸锅、智能家电等。

5 **交通运输类客户**　　　　交通运输类客户是指借助铁路、公路、水路及航空等途径满足大众出行、物流运输的客户。

典型客户：　高速服务区，物流、环卫公司，公共交通及港口、码头等。

电动汽车

电动公交车

廊桥岸电

重点需求：　降低用能成本、响应环保政策。

服务产品：　电动公交车、港口岸电、电动汽车等。

目标客户对应典型电能替代产品分析表

序号	行业划分	企业类别	服务产品
1	工业生产类	▪ 服装企业、印染企业 ▪ 玻璃行业、陶瓷行业 ▪ 铸造企业	▪ 蓄热式、直热式电锅炉 ▪ 电窑炉 ▪ 冲天炉
2	景点景区类	▪ 饭店、餐馆 ▪ 场馆、酒店	▪ 电炊具 ▪ 电蓄冷、电采暖
3	农业生产类	▪ 茶厂 ▪ 烟草制造 ▪ 农田	▪ 制茶设备、烘烤设备 ▪ 烘烤设备 ▪ 农业电排灌
4	居民住户类	▪ 老旧小区 ▪ 新式住宅	▪ 电蒸锅、电磁炉 ▪ 智能家电、电采暖
5	交通运输类	▪ 高速服务区 ▪ 物流、环卫公司 ▪ 公共交通 ▪ 港口、码头	▪ 电动汽车 ▪ 充电站、桩 ▪ 电气龙门吊

小节回顾：自我检测清单

知

① 我已知道电能替代的概念和优势，能区分电能替代的基本形式。

② 我已知道电能替代的服务项目，能说出每类服务的主要推荐点。

③ 我已知道我们的目标客户，能掌握客户需求并提供有针对性的服务产品。

④ 我已知道要在日常工作中运用所学知识，及时察觉客户的电能替代需求。

二、市场拓展

（一）需求挖掘

电能替代项目的需求挖掘方法主要为针对增量客户及存量客户的行业特征、生产特性，采取相应的现场摸排方式，发现潜在需求。

增量客户

存量客户

需求挖掘

01 针对增量客户

在客户报装时，详细询问客户的生产特性需求、主要用能设备，柴油、煤等燃料使用情况，记录具有电能替代需求的潜在客户。

02 针对存量客户

预约联系：

和客户联系确认现场勘查的时间地点，说明需要客户现场提供的资料（如能耗数据），并与相关勘查人员在预定时间一同前往。

现场勘查：

- 询问了解客户的生产设备用能情况（有无利用煤、柴油等）、负荷特点、用能需求、设备投资金额等情况。
- 查看现场是否具备场地、供电容量等电能替代实施条件。

注：现场勘查时应及时拍照记录；挖掘存量客户时，还可与政府相关部门联动，寻找存在环保问题的客户，将其标注为潜在电能替代客户。

（二）商务洽谈

1 客户沟通

沟通准备

了解目标企业

● **做法解释：**

✓ 沟通前需要了解客户信息：如公司业务、行业特征、新技术新设备情况、产业升级换代情况、场地环境运营状况、环保压力等。

● **了解方式：**

✓ **询他法：** 向朋友、同事等询问企业信息，询问前应说清自己的目的。

✓ **自查法：** 通过营销系统、天眼查网站、现场用电检查等途径了解企业信息。

了解内外政策

- **做法解释：**

✓ 电能替代有较多政策文件支持，供电所员工与客户沟通前应充分了解相关内外部政策文件，尤其是客户关心的部分，如政策补贴、环保要求、电能替代建设成本等。

- **了解途径：**

✓ **询他法：** 向公司上级部门或政府发展改革委及环境等部门询问电价政策、节能减排等环保政策。

✓ **自查法：** 通过地方政府官网、公司文件等查询电能替代相关政策。

浙江省物价局文件

浙价资〔2017〕47 号

浙江省物价局关于农产品初加工用电价格有关事项的通知

各市、县（市、区）物价局、电力（供电）局，省电力公司：

为进一步落实供给侧结构性改革精神，降低农产品初加工企业用电成本，根据《国家发展改革委关于调整销售电价分类结构有关问题的通知》（发改价格〔2013〕973号）精神，结合我省实际，现对农产品初加工用电价格有关事项通知如下：

一、农产品初加工用电执行农业生产用电价格。执行农业生产用电价格的农产品初加工范围详见附件。

二、非上述范围的其它农产品加工用电执行相应类别的工商业用电价格。

三、农产品初加工用电原则上应分类计量。若农产品加工企业受电点内难以按电价类别分别装设用电计量装置时，可装设总的用电计量装置，按其不同电价类别的用电设备容量的比例或实际可能的用电量，确定不同电价类别用电量的比例或定量进行分算，分别计价，具体由当地政府价格主管

— 1 —

政府政策文件示例

沟通策略

初步沟通时，最重要的便是通过客户的痛点和兴趣点进行话题切入，让客户想要深入了解电能替代服务产品，核心技巧主要有询问痛点法、口碑效应法、谈时事新闻法。

询问痛点法：

根据目标客户的痛点进行询问，引出客户兴趣并进一步推广。

方法介绍

口碑效应法：

先将产品推荐给老客户，再引导其向周围亲戚朋友介绍，利用口碑效应提高业务成交率。

谈时事新闻法：

关心时事新闻，和客户沟通时以国家政策为切入点引出产品，引起客户兴趣。

询问痛点法示例话术

客户痛点为环保压力时：

① 您好，我们今天拜访是想了解贵公司的用能情况，以便为您提供服务。

② 好的。

③ 您的工厂在响应政府节能环保要求时，是否存在一些压力？

④ 是的，我们制造业嘛难免有些不完全符合环保要求的情况，真是头大。

口碑效应法示例话术

1 您好，您是王哥介绍的陈先生吗？

2 是的是的，我跟王哥是邻居关系。

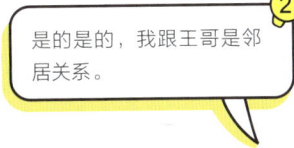

3 嗯，王哥跟我们说了，您也想了解我们的电能替代产品？

4 对的，王哥觉得你们推荐的电采暖方便又安全，前几天吃饭的时候夸了几句。

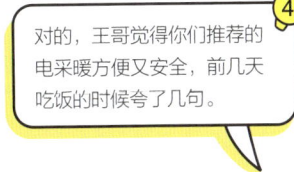

谈时事新闻法示例话术

1 胡总，听说现在国家推广电动汽车，购买电动汽车国家都有补助的。

2 是吗，我公司的汽车都开了好几年了，噪声大、油耗也高。

3 现在的电动车，不仅声音小，而且电费相对于油费，可以节省一大笔钱。

4 是吗，那确实不错。

2 客户说服

前期沟通能够让客户对电能替代项目产生兴趣，但客户可能还会有一些实施顾虑，这时需要强调优势来说服客户，消除客户的抵触想法，让客户坚定购买电能替代产品的信心。

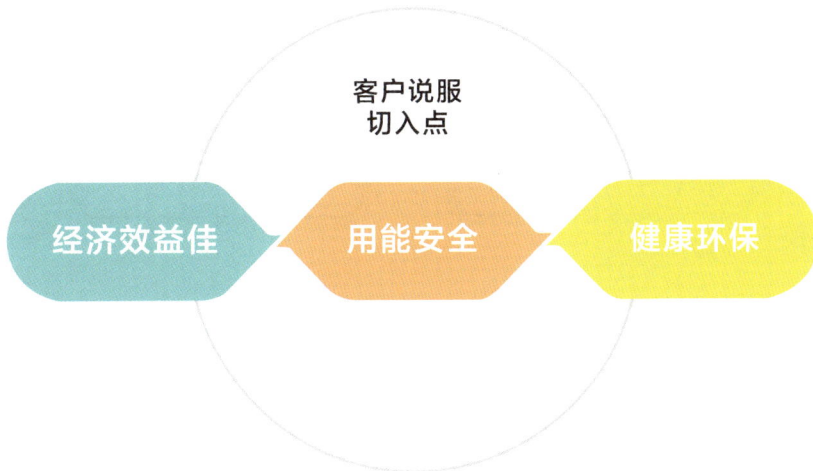

客户说服切入点

经济效益佳　　用能安全　　健康环保

示例话术

强调优势为健康环保时：

1. 王师傅，您对我们建议的小区供暖"煤改电"项目还有什么疑虑吗？

2. 是这样的，我们烧煤供暖习惯了，换起来挺麻烦的。

3. 听说这个小区是政府钦点的示范小区啊，小区里环境特别好。

4. 哈哈，去年评选的示范小区。评完那一会儿房价还涨了呢。

5 我们家之前也烧过煤，烧煤还挺麻烦的，而且和示范小区也不匹配不是？

6 嗯嗯是的，我们专门有个地方烧锅炉，冬天的时候经常运煤过来，地上都能看到黑黑的煤印。

7 是的，不仅如此，烧煤锅炉还会影响小区居民的生活环境，甚至伤害他们的身体健康，作为示范小区，这是一个很大的隐患啊，所以我建议您还是换成电锅炉。

8 那行吧，我明天下午就向领导汇报。

强调优势为经济效益佳时：

5　虽然说改造锅炉会花费一些费用，但是从效果上讲，电锅炉能精确控制工作的时间和温度，从而减少资源浪费和废品率。

6　嗯嗯，是的是的，那你再详细给我讲讲改造的方案吧。

7　而且电锅炉对工人的身体不会造成影响，也不会有环保压力。

8　这样说来也有道理。

小贴士

准备说服客户时可以随身携带pos机、意向协议、拟好的合同等，方便客户明确意向后及时签约。

3 合同签订

（1）合同签订前的注意事项。

● 了解合作方的基本情况，保留其营业执照复印件，如果合作方是个人，应详细记录其身份证号码、家庭住址、电话。

● 调查合作方的商业信誉和履约能力。有助于在签订合同的时候，在供货及付款条件上采取相应的对策，避免风险的发生。

（2）签订合同时的注意事项。

● 规格条款：要对各型号产品的具体规格做出说明，避免供需之间出现差错。

● 质量标准条款：根据我方的产品质量情况明确约定质量标准，并约定质量异议提出的期限。

● 合作方应加盖其单位的公章。合作方的经办人应提供加盖其单位公章的授权委托书。

● 合同文本经过修改的，应由双方在修改过的地方盖章确认。

（3）签订合同以后应该怎么做。

● 将其复印件交由履行部门存查，保证依约履行。

● 及时归档保管，以免丢失。

综合能源服务销售合同

甲方：慈溪市 XXXX 院

乙方：国网浙江综合能源服务有限公司宁波分公司

按照《中华人民共和国合同法》和其它相关法律、法规的有关规定，遵循平等、自愿、公平、诚实的原则，为明确双方的权利和义务，双方协商一致，达成以下协议条款：

1、合同标的

1.1 甲方将综合能源服务业务委托　　　　　　　　费用和期间的年服务费用。

1.2 甲方因开展综合能源服务，须向乙方采购【电力设备】等货物，甲乙双方本着平等互利、诚实信用的原则充分协商，达成本合同，以期共同遵守执行。

序号	产品名称	单位	数量	单价（元）	金额（元）	产品技术规格
1	空调 螺杆式冷水机组	开利	1	230000	230000	30HXC400A
总价					266800（含	

甲方须向乙方支付设备费用，共计 陆拾陆千捌百贰伍 元整，其中不含增值税额为人民币 230000 元，增值税税款人民币 36800 元，增值税率为16%，不含税价格不受国家税率变化而变化，若在合同履行期间，遇国家的税率调整，税率按新税率执行，则价税合计作相应调整。双方代表签字之日起 7日内，甲方支付本合同设备费用总价款的30%作为预付款，设备按期完工后15

日内支付合同总价的70%作为提货款（乙方应提前通知），款清发货，同时出卖方开具合同全额增值税发票，以上货款均已电汇方式结算。

1.3 甲方委托监测的设备仅包括配电房内配电设备，变压器总容量为：1600 kVA，提供维保服务。

1.4 电力咨询服务费用支付

甲方须向乙方支付年服务费用，计入民币 1000 元（含税），大写壹仟元整，其中不含增值税金额为人民币 943.39 元，增值税税款人民币 56.61 元，增值税率为 6%，不含税价格不受国家税率变化而变化，若在合同履行期间，遇国家的税率调整，税率按新税率执行，则价税合计作相应调整。第一年度服务费用分别以年合同签订生效后的 3日内，甲方向乙方支付合同总价的90 日内甲方付清余款。

2、甲方的权利和义务

2.1 甲方有权获得乙方提供的以下服务（见附件1）。

2.2 甲方配电房应配齐经检验合格的安全工器具及消防器材。

2.3 甲方或其工作人员未经乙方同意不得擅自拆除或操作乙方设备。

2.4 甲方负责监测设备的通信环境建设。

3、乙方的权利和义务

3.1 乙方在接受委托管理前，有权对配电房进行全面检查和审核电试继保校验报告。对发现的安全隐患，包括但不限于设计、施工质量、设备、站本体建筑、安全防护等方面的安全隐患，以书面形式提交甲方，甲方应及时进行消除，否则由此而引发的事故，均由甲方负责，乙方不承担责任。

3.2 乙方有权在合同终止或双方协议提前解除后，从甲方电气设备上将系统拆除，恢复原样。甲方应积极配合系统设备的拆除工作。

3.3 乙方应按照本合同明确的责任范围，提供电力设备的监测、数据分析及其他电力综合服务。

3.4 因乙方人员服务过程中造成甲方设备损坏，乙方应负责无偿修复或更换。因乙方人员巡检过程中造成自身伤害的，乙方人员自行负责。

3.5 乙方应向甲方报告已发现的设备潜在风险。

3.6 遇到特殊紧急情况，应甲方要求乙方安排专业单位原则上【12】小时内到达现场。

4、设备安装流程

4.1 双方达成合同意向后，由乙方安排专业人员实施现场踏勘，确定施工方案，并交由甲方审核。

4.2 甲方同意施工方案，授权乙方进行安装或部分改造，乙方须在安装结束后与甲方进行确认、移交。

5、服务期限：　／　年，自 2019 年 1 月 1 日至 2020 年 1 月 1 日。

6、服务边界：（填具体服务地址）。

7、收费范围：
上述合同价格不包括维修费用，____付乙方。

8、工作责任人：

8.1 甲方第一责任人：胡 XX　，手机：13706744XXX
　　甲方第二责任人：杨 XX　，手机：13858333XXXX

8.2 乙方责任人：
　　乙方第一联系人：刘 XX　
　　乙方第二联系人：张 XX

8.3 甲、乙双方变更工作责任人以书面通知为准。

9、保密及违约责任

9.1 在系统运行期间，甲方应确保乙方系统的完好，不得打开充体，更不得将系统向第三人展示，但经乙方同意后，甲方可允许第三方参观系统的运行工况。

9.2 双方应保证本合同及其他文件不泄露给任何第三方。

9.3 甲方未能按照本合同的约定向乙方支付服务报酬的，除支付

相关负责人信息填写

约定条款的确认

签署页

签署页信息的确认。

甲方：慈溪市 XXXX 院 （盖章）	乙方：国网__限公司宁波分公司 （盖章）
法定代表人（负责人）或授权代表（签字）：	法定代表人（负责人）或授权代表（签字）：
签订日期：2018 年 9 月 3 日	签订日期：2018 年 9 月 3 日
地址：慈溪市 XXX 街道 XX 行政村 XXXX 号	地址：浙江省宁波市海曙区 XXX 路 XX 号
联系人：童 XX	联系人：李 XX
电话：1385745XXXX	电话：0574-511099XX
传真：0574-6310XXXX	传真：0574-511099XX
mail：	Email：
开户银行：中国农业银行 XX 支行	开户银行：工商银行杭州 XXX 路支行
账号：3952000104000XXXX	账号：9558851202039860XX
统一社会信用代码：9133028269507XXXXF	统一社会信用代码：91330203MA2CK23RXX

（三）客户维护

1 维护客户关系

与客户保持联系

经常联系客户，询问客户对产品的反馈，解决客户对产品的疑惑，做好售后服务，为他们的切身利益考虑，用真心打动客户。

与客户成为朋友

了解客户的兴趣爱好、性格特点，态度真诚地和客户沟通，与客户成为朋友。

客户关怀

可以在节假日及客户生日当天给客户发送关怀短信，维持良好的客户关系，防止客户流失，为二次开发做准备。

小贴士

添加客户微信后，可以在朋友圈发布电能替代产品的相关介绍，包括产品功能、客户正向反馈、现场服务照片等，以此吸引客户对电能替代产品的关注。

2 客户二次开发

整理潜在客户资料

对潜在客户的资料进行收集整理并封装储存，方便今后分析客户业务、再次挖掘客户需求。

挖掘客户人际资源

其实，老客户的身边蕴藏着无数的潜在客户，如同事、朋友、亲人等，潜在客户经过老客户的介绍会发展成为真正的客户，为企业带来效益。

推广其他综合能源服务

深度挖掘客户多方面的潜力，再对其推广其他综合能源服务，比如分布式光伏、智慧电务、能源金融产品等。

小节回顾：自我检测清单

看

- 我会看新建客户的申请资料，判断其是否可以使用电能替代产品；
- 我会看现场客户用煤、用油、用气情况，由此判断客户有无电能替代需求。

问

- 我会问企业行业特性、用能设备、场地环境、运营状况等，了解客户信息；
- 我会问客户需求、环保压力、投资金额、合作意愿等，以此判断客户的电能替代业务潜力。

答

- 我能回答电能替代项目的专业优势；
- 我能回答电能替代相关政策文件的解读；
- 我能回答电能替代项目的投资成本、经济效益及社会效益等。

三、典型案例

本部分通过两个案例介绍供电所台区经理推广电能替代的经验。同时，为了充分调动员工拓展综合能源业务的积极性，实现多能多得、多劳多得、干好多得，有效衡量供电所员工在综合能源服务推广过程中的工作成效，案例后面提供了综合能源服务业务积分规则，可供参考。

案例一　某乡镇无证煤锅炉整体替代项目营销案例

1　发现客户需求并与之沟通

某乡镇外来务工人口较多，各个乡村里无证燃煤锅炉售水点分布广泛，且整体卫生环境差，水源不明，卫生条件不容乐观。乡镇有关领导也在头疼这件事，该乡镇所在市正在进行"美丽乡村""品质之城"建设，政府相关部门也要求进行整改【客户需求挖掘】。了解情况后，供电所台区经理陈师傅向相关负责人反映提出用电能替代燃煤解决这一问题【客户沟通】。

2 勘查并提出方案建议

提议得到了负责人的认可，陈师傅以现场勘查的方式开始收集信息【客户信息收集（没有系统查询了解）】。发现可以使用电茶水机供应开水，解决这一问题。随即，陈师傅与相关负责人展开了沟通，建议将锅炉售水点整改为一体式茶水房【提出建议方案】。陈师傅向负责人详细介绍了此方案的特点：一体化设计能控制成本、水源清洁、安全性高、无污染；同时，一体式的茶水房外观美观、整齐、统一，有利于农村面貌的整体提升【陈述产品优势】。

3 合同签订

很快，负责人来到供电公司签订了相关合同【签订合同】。之后由村委会出资，一体式茶水房代替了燃煤锅炉，同原售水点相比，茶水房更加卫生、安全、便捷，获得群众一致好评【客户满意度调查】。

4 **后续服务**

此外，陈师傅还经常到各茶水房巡视，查看设备是否损坏，是否需要维护【后期服务运维】。他还向村委会建议，茶水房可用于广告投放，获得多种收益，负责人对此非常满意。

业务操作流程及贡献度计算规则

为了有效衡量供电所员工在综合能源服务推广过程中的工作量，本表依据具体工作流程制定了员工贡献度计算规则。结合前文案例评估员工个人贡献度，方便供电所领导和工作人员清晰直观地了解业务进程和工作成效。

业务操作流程

流程	具体流程	贡献度计算规则
客户信息收集 （3分）	系统信息查询	系统信息查询（1分）
	现场信息收集	现场信息收集（2分）
客户沟通说服 （9分）	初步了解	了解客户用能现状（1分）
		询问客户用能需求（1分）
	提出建议方案	提出建议，推荐相关产品（1分）
		介绍各类产品特点（1分）
	制定设计方案	制定建议方案（1分）
		分析预期收益及潜在风险（1分）
	对比多家产品服务	对比多种方案（1分）
	签订意向协议	成功说服，并签订意向协议（2分）

业务操作流程

流程	具体流程	贡献度计算规则
合同签订 （4分）	准备合同材料	合同内容准确（1分）
	签订合同	未成功签订合同（1分）
		成功签订合同（3分）
工程施工监督 （4分）	设备质量检查	检查设备质量（1分）
	工程施工	现场施工无误（1分）
		设备安装完成并使用（2分）
后续服务跟踪 （5分）	后期服务运维	后期运维（2分）
	客户满意度调查	根据客户回访满意度打分（3分）

本案例中台区经理个人贡献度得分如下：

个人贡献度得分					
流程	客户信息收集 （3分）	客户沟通说服 （9分）	合同签订 （4分）	工程施工监督 （4分）	后期服务跟踪 （5分）	总分 （25分）
打分	2	8	4	4	3	21

案例小贴士

电能替代多发生在一些乡镇的小企业当中，因此供电所员工要充分利用属地优势，及时发现客户的电能替代需求点，便于业务的开展。案例中的失分点主要体现在后期服务跟踪方面，实际工作中台区经理还需加强这方面的做法，如回访客户的满意度、向客户推荐其他相关服务等。

案例二　某乡镇网红民宿全电改造典型案例

1　业务调研

近年来，某乡镇大力打造美丽乡村品牌。推行全电民宿改造试点项目。当地供电所台区经理刘师傅是该项目的负责人，他多次前往现场勘查，开展调研，调查区域内电网现状、电气化程度、民宿业主改造需求等【客户信息收集】。

2　需求挖掘

刘师傅发现，某网红民宿使用小型烧燃锅炉供应热水、采用单体空调及壁炉采暖、厨房采用烧柴土灶或瓶装燃气灶具，破坏了民宿区域环境，且存在安全隐患。

改造前

3　客户沟通

刘师傅觉得景区在热水、烹饪、采暖、空调、照明等诸多的用能中都存在电能替代潜力，且可依靠电能替代提高现代民宿的品质。于是他将自己的想法告诉了景区相关员，得到了他们的认同【提出建议】。

4　方案设计

接下来的两个星期，刘师傅开始进行方案的设计【制定设计方案】。

一是厨房用能改造，以电器灶具取代燃气、柴土灶；二是客房用能改造，引进空气能热泵；三是服务用能改造，民宿购入电动扫地机器人、电动烘干机和洗衣机来代替人工劳动；四是其他用能改造，推广观光电动车，同时安装电动汽车充电桩。

改造后

5 合同签订

刘师傅向景区负责人逐个介绍了改造方案，并将方案交给客户方，供后期讨论参考。不久，景区便与供电公司签订了相关合同【签订合同】，大力推进全电民宿改造。

本案例中台区经理个人贡献度得分如下：

个人贡献度得分					
流程	客户信息收集（3分）	客户沟通说服（9分）	合同签订（4分）	工程施工监督（4分）	后期服务跟踪（5分）	总分（25分）
打分	3	8	4	0	0	15

备注：业务操作流程及贡献度计算规则同上。

案例小贴士

　　项目建成后，年消耗燃气约减少了5t，年减排二氧化碳15.85t。项目契合绿色发展的理念，山清水秀是民宿的重要卖点，电能是绿色清洁能源，电能的使用大大降低了碳的排放量、减少了对环境和景区的污染，实现了可持续发展。案例中的失分点主要体现在工程施工监督和后期服务跟踪方面，实际工作中台区经理还需加强这两方面的工作，如在施工过程中帮助客户把握工程质量等。

PART 4

分布式光伏篇

分布式光伏特指在用户场地附近建设，运行方式以用户侧自发自用、余电上网，且在配电系统平衡调节为特征的光伏发电设施。

本篇分为产品简介、市场拓展、典型案例三个模块，产品简介包括光伏业务的产品概念、系统构成、产品优势、服务项目、目标客户等内容；市场拓展主要介绍了需求挖掘、商务洽谈等内容；典型案例对业务进行详细说明，方便业务人员从实际案例中学习经验。

一、产品简介

（一）产品概念

分布式光伏是一种新型的、具有广阔发展前景的发电和能源综合利用方式，能够充分利用当地太阳能资源，替代和减少化石能源消费，倡导就近发电、就近并网、就近转换及就近使用的原则。

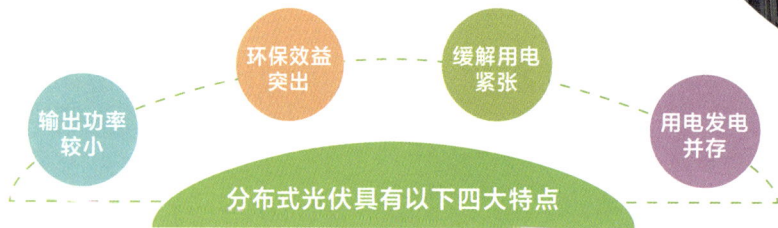

环保效益突出

缓解用电紧张

输出功率较小

用电发电并存

分布式光伏具有以下四大特点

分布式光伏发电项目有如下两种分类维度

主要分类：依据国家电网有限公司发布的相关文件，纳入营销业务系统的分布式光伏发电项目包括以下两类

类型	接入电压等级	装机容量	消纳方式
第一类	10（20）kV及以下	单个并网点不超过6MW	不限
第二类	10（20）kV	单个并网点超过6MW	非"全额上网"
	35kV	不限	非"全额上网"

其他分类：按光伏系统建设场所或所用土地性质可分为以下两类

类型	场所或土地性质	投资主体	电压等级
居民光伏项目	房屋（建筑物）及附属非农耕土地等场所	自然人	220V或380V
非居民光伏项目	非居民用地	非自然人	根据装机容量确定

（二）系统构成 ▮▙▁

分布式光伏发电系统一般由以下元件构成：光伏板组件、汇流箱、逆变器、并网配电柜、蓄电池（可选）等。

1 光伏并网发电系统原理图

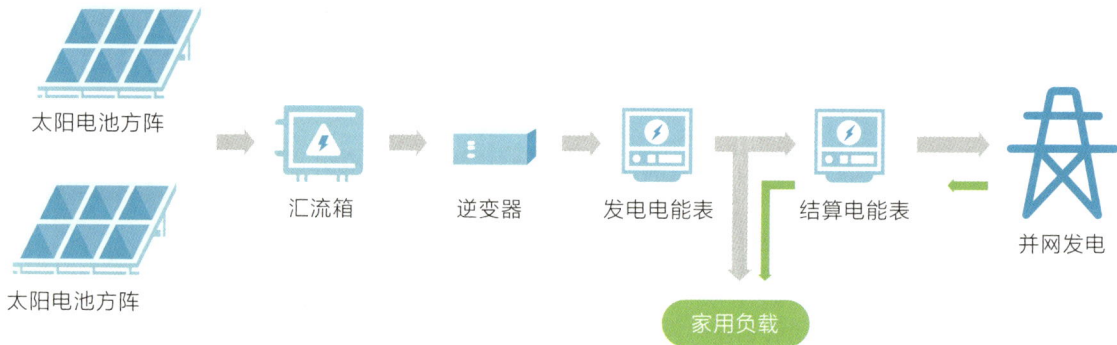

太阳电池方阵

太阳电池方阵

汇流箱　　逆变器　　发电电能表　　结算电能表　　并网发电

家用负载

2 光伏系统组件一览

光伏板：

　　光伏板组件是一种暴露在阳光下便会产生直流电的发电装置，由大部分以半导体物料（如硅）制成的薄身固体光伏电池组成。目前应用较多的是单晶硅、双晶硅光伏板及多晶硅光伏板。

逆变器：

　　光伏项目所用的逆变器是可以将光伏（PV）板产生的可变直流电转换为市电频率交流电（AC）的设备。

汇流箱：

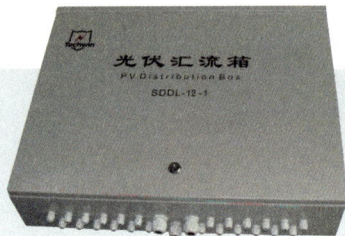

汇流箱是将一定数量的光伏板组件发出的直流电流进行DC-DC变换后汇流输出的装置。

并网配电柜：

并网配电柜在光伏发电系统中用于逆变器后端，用来与交流配电网络实现并网或接入升压变压器。并网配电柜型号、规格等都与常见交流配电柜相同。

常见非居分布式光伏发电系统接线示意图：

光伏并网点在低压柜处，以低压400V并网

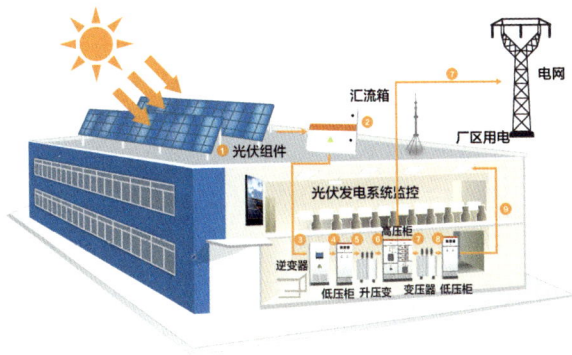

光伏并网点在高压柜处，以10kV并网

（三）产品优势

分布式光伏项目主要优势

主要优势	使用前	使用后
开发闲置资源	屋顶及空地资源闲置浪费	充分利用、有效配置闲置资源
产能清洁环保	未能利用太阳能	利用清洁能源，节能减排
降低电费支出	电费较高	电费降低明显
带来投资收益	无投资收益	客户获得上网电费及相关补贴

注意事项：工程施工时应做好屋顶漏水防护措施；恶劣天气或特殊情况应做好光伏板防护工作。

（四）服务项目

建设方案策划　　　投资效益测算

方案策划

服务项目

EPC模式
屋顶租赁模式
合同能源管理模式

建设实施

电能监测服务
能源质量评估服务
光伏账单服务
运营维护服务

增值服务

1 方案策划

帮助企业客户对当前的用能情况、屋顶情况、光伏发电利用情况进行整体评估，提供方案策划及预期效益精准测算的服务。

建设方案策划

服务内容： 帮助各类客户对自有屋顶面积进行测量、对承重情况进行核定；光伏并网方案设计、技术评估、工程预算；设计多种方案供客户选择。

主推点： 方案设计，工程预算，多方案选择。

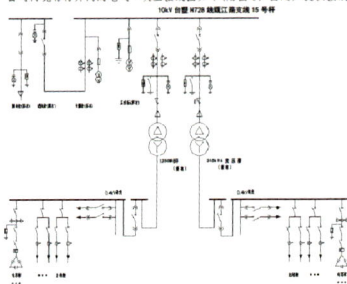

一、项目基本情况

xx 公司位于 xx，拟建光伏发电项目装机容量 xxkWp 计划开工时间为 xx 年 xx 月，计划投产时间为 xx 年 xx 月，该项目为两个方案，光伏组件容量 xxkWp，位于工厂屋顶。本工程低压并网，配置 x 台 xxkW 逆变器，逆变器总容量为 xxkW，并网于用户配电室低压母线，采用"自发自用、余量上网"方式消纳电量。

二、公司供用电现状

公司为用户专变供电

，上级电源引自交流 110kVxx 变 10kVxx 线躜江路支线 xx 导杆。公司内设有 xxkV 变配电房，主变容量为 xxkVA 变压器 x 台、xxkVA 变压器 x 台。向厂区内的动力设备供电。主要用电设备为机电设备等，公司最大负荷 xxkW，平均负荷 xxkW，最小负荷 xxkW。

公司内现有待并网的电气一次主接线图如下（附图 1，由用户提供接线图）

建设方案示例

投资效益测算

服务内容： 针对设计方案、预算、投资模式、预期年发电量、国家补贴政策、上网收益和维护成本等各个方面，进行预期效益的精准测算。

主推点： 成本测算，效益分析。

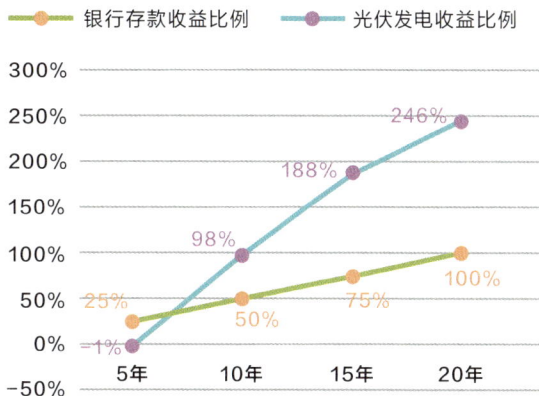

光伏建设收益比例VS银行存款收益比例

注意： 光伏项目投资回报率受政策影响较大，具有一定的时效性。以2018年的某项目为例，光伏项目总投资额为600万元，装机容量为1MW$_p$；银行存款本金为600万元，整取整存，定期存款年化收益率为5%。收益比例计算公式为净收益额/本金。

2 建设实施　　　提供分布式光伏项目建设、运营的多种模式供客户选择，并根据客户选择的投资建设模式与其建立相应的交易关系。

EPC模式

服务内容： 客户作为投资主体，承担建设成本，享受投资收益。其中，工程建设可以由供电公司以总承包的方式实施。

主推点： "交钥匙"工程、省时省心。

屋顶租赁模式

服务内容： 客户将屋顶租赁给供电公司，供电公司支付租赁费。

主推点： 闲置资源利用、零投资成本、收益稳定。

合同能源管理模式

服务内容： 客户免费向供电公司提供屋顶，供电公司负责项目投资及后期运维。光伏电量供业主打折使用，业主以节能收益支付项目成本。

主推点： 零投资成本、有潜在高收益。

3 增值服务

向客户提供光伏业务相关的其他增值服务，如电能监测服务、能源质量评估服务、光伏账单、运营维护服务等。

电能监测服务

服务内容： 向客户提供对光伏发电系统电力电量监测，包括电压、电流、频率、发电量、发电功率、上网电量等，支持实时手机App端查看。

主推点： 实时监控，数据齐全，手机端查看。

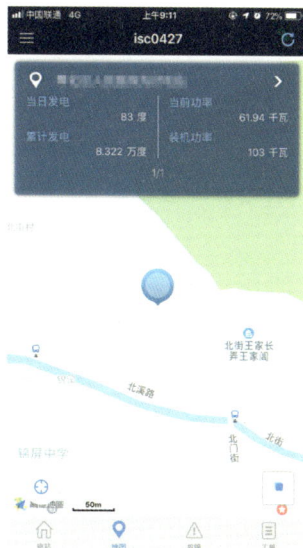

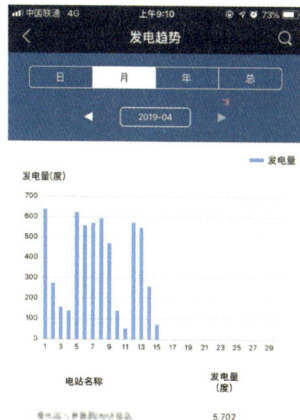

App界面示例

能源质量评估服务

服务内容： 向客户提供光伏发电的电能质量的专业检查评估及治理服务。

主推点： 电能质量检测、电能质量评估、电能质量治理。

光伏账单服务

服务内容： 向客户提供光伏账单分析、寄送服务，便于客户及时了解发电情况，辅助客户决策。

主推点： 账单分析、辅助决策。

运营维护服务

服务内容： 向客户提供光伏发电系统日常运维及技术指导，以及开展设备代运维服务。

主推点： 设备代运维技术支撑、优化建议。

（五）目标客户

　　根据客户的企业性质和企业用电量，筛选企业年均用电量25万kWh及以上的目标用电客户，和企业屋顶面积超过1000m²的目标屋顶客户，作为供电公司综合能源服务分布式光伏项目的重点目标客户。

目标客户	符合标准	选择原因
目标用电客户	企业年均用电量25万kWh及以上	用电量大的企业电能消纳能力高，自发自用的效益更高；此外用电量大的企业一般规模也大，具有优质屋顶的可能性高
目标屋顶客户	企业屋顶面积1000m²及以上	屋顶的面积越大，光伏建站的规模越大，项目的经济性更高

备注：居民客户投资回报率低，一般不开拓这块市场。

小节回顾：自我检测清单

① 我已**知道**了分布式光伏发电基本原理，能很好地向客户推介相关产品。

② 我已**知道**能够为客户提供的服务类型，以及每类服务的主要推荐点。

③ 我已**知道**分布式光伏的目标客户，以及如何选择潜在的优质目标客户。

④ 我已**知道**应在日常工作中提醒自己多留意客户闲置屋顶资源，以便充分开拓市场。

二、市场拓展

（一）需求挖掘

光伏产品潜在客户进一步挖掘的渠道主要有两种，一种是信息采集，另一种是现场勘查。信息采集即通过查看系统中的企业用电量、负荷变化等数据，以及地图软件显示的屋顶面积判断潜在客户；现场勘查即通过观察客户的屋顶结构、屋顶面积、屋顶数量等判断客户的光伏建设需求。

信息采集流程

首先，通过营销系统、用电采集信息系统筛选出企业年均用电量25万kWh及以上的目标用电客户，并同时记录企业地址、企业用电量、近三年用电量增长情况、日均负荷曲线等信息形成客户清单。（客户清单还可以通过其他如政府规划、备案、客户用电报装等渠道获取）

然后，利用地图软件查看屋顶类型和屋顶面积，筛选出屋顶面积大于1000m²的客户，进一步优化客户清单。

地图软件屋顶面积计算方法：在PC端打开地图软件，点击"地球"会显示卫星图，找到目标屋顶，如某公司B栋屋顶，利用测距工具测量出屋顶长宽为120m、170m，计算面积为120×170=20400m²。

现场勘查时要携带光伏项目查勘单,便于仔细了解目标屋顶信息。

现场勘查

- 屋顶数量:适合光伏建站的屋顶数量;
- 屋顶类型/材质:水泥屋顶、彩钢瓦屋顶或其他屋顶;
- 屋顶朝向:南北朝向或东西朝向;
- 面积测算:利用厂房平面图、电子地图或无人机测绘,测算屋顶面积;
- 安装容量计算:初步设计光伏组件排布,进行组件总容量计算;
- 客户配电房是否具备并网条件。

注:查勘时应现场拍照;可直接咨询客户有无光伏建站需求。

典型优质屋顶:
- 水泥屋顶;
- 平面屋顶;
- 面积大于1000m²。

光伏项目查勘单（示例）

1 项目信息：

(1)项目名称：___xx 有限公司 xx kWp 分布式光伏发电项目___

(2)项目地点：___宁波市奉化区岳林街道大成东路 x 号___

(3)经度 E：___121.50___ 纬度 N：___29.88___ 海拔：___10___ 米

(4)项目投资单位：___xx 有限公司___

(5)建筑产权（使用）单位：___xx 有限公司___

(6)业主性质：企业主 ☑ 园区管委会□ 政府机关□

(7)建设模式：BOT □ EPC ☑ 分包 □

(8)项目地点气象资料：有 ☑ 无 □

(9)现场人员联系方式：___陈 xx 18888888888___

2 厂区信息：

(1)厂区鸟瞰图 ☑ 厂区总平面图 ☑ 厂区管线布置图 □
配电室平面图 ☑ 厂区地勘资料 □

（以上信息，获得图纸的同时，拍摄影像资料。）

(2)厂区电气主接线图（一次系统图）拍照 ☑ 获得图纸 □

(3)厂区变压进线电压：___10___ kV；计量点电压：___10___ kV

(4)厂区变压器台数：___2 台___ 规格及容量：___2 台 800kVA 变压器___

(5)厂区负荷运行情况描述：包含日、月用电量；负荷运行时间，中午、周末、节假日是否休息停产。

___日均用电量 8000 度，月用电量 24 万度；负荷运行时间：6 时-17 时；周末减半生产，节假日停产。___

(6)月耗电量及年耗电量获取清单，电费清单亦可。照片或纸质版文件 ☑
电价类型：___1-10kV：大工业；三费率；两部制；按容量___；是否为峰谷电价：否 □ ，是 ☑ （尖）峰 _1.0824_ 元/kwh
峰 _0.904_ 元/kwh 谷 _0.4164_ 元/kwh

尖峰谷时间段：___尖峰：19:00-21:00；高峰：8:00-11:00、13:00-19:00、21:00-22:00；谷：11:00-13:00、22:00-次日 8:00___

施工条件及周期环境描述：___施工条件较好，设备运输通道顺畅，周边环境好，场地大，可堆放相关设备。___

(7)工程特殊要求描述：（可附页说明）___见附页___

3 单栋构筑物信息：

(1)建筑物名称：___1 号厂房___ 用途：___精加工车间___

(2)朝向：___正南___ 倾角：___0 度___ 类型：混凝土屋面 ☑ 彩钢屋面 □

(3)建筑物结构类型：钢结构 □ 混凝土结构 ☑ （厂房内部拍照记录）

(4)建成后使用年限：_70_ 年 周围环境拍照记录 ☑
（初步确定建设条件和走线方式）

(5)屋面情况：

◇ 屋面防水类型：刚性 □ 柔性 ☑ 压型钢板 □

◇ 屋面污染或锈蚀情况：污染□ 锈蚀□ 轻度 ☑ 中度 □重度 □

◇ 屋面土要遮挡物：风机 □排气孔 □ 空调机☑ 高度：_2_ 米

◇ 屋顶构造：拍照记录，彩钢类型、水泥屋面类型。

4 补贴标准：

(1)省级补贴：有 ☑ 无 □ ___0.1___ 元/kwh ，___20___ 年

(2)市级补贴：有 □ 无 ☑ ___ 元/kwh ，___年

(3)其他补贴政策及特殊要求：___无___

5 图纸信息（重要）：

(1)建筑：1.厂区总平图 ☑ 2.建筑设计总说明 ☑ 3.建筑施工图整册 ☑

(2)结构：1.结构设计总说明 ☑ 2.结构施工图整册 ☑

(3)电气：1.电气总平面图 ☑ 2.电气设计总说明 ☑3.高低压一次系统图 ☑ 4.防雷接地图 ☑ 5.电缆走线图 ☑ 6.配电室平面布置图 ☑

(4)其他：1.屋顶暖通管线布置图 ☑ 2.屋顶消防管线布置图 □

（拍照记录屋顶照片不少于 15 张，照片要求能看到建筑物外型形态、内部拍摄的屋顶形态、在屋面上拍摄或其他高处拍摄的屋面状态的照片。尽可能获取定位现场经纬度坐标等，现场踏勘、收货、上屋顶时一定要注意安全。）

（二）商务洽谈

1 客户沟通

沟通准备

了解目标企业

● **做法解释：**

✓ 沟通前需要了解客户信息：公司业务、业务需求、运行状况等，还可进行企业征信排查，查看其有无债务纠纷等。

● **了解方式：**

✓ **询他法：** 向朋友、同事等询问企业信息，询问前要说清自己的目的。

✓ **自查法：** 通过营销系统、国家企业信息公示系统、天眼查网站等了解企业信息。

洽谈方案准备

- **做法解释：**
- ✓ 在与客户沟通之前，要充分利用前期现场勘查结果拟定分布式光伏建站方案，提供投资模式选择方案和预期收益。

- **准备内容：**
- ✓ 光伏建站设计方案，包括建设规模、投资成本、预期收益、回报年限等。
- ✓ 各种商业模式特点、首选模式建议，各类方案优缺点、最优方案建议。

预期收益推算：

一般来说，光伏收益来源于三个方面："省"（自用电量×电价）、"补"（所发电量×补贴标准）、"赚"（卖电量×上网电价），回本年数=总成本/光伏每年收益。

商业模式示例：

- EPC模式；
- 屋顶租赁模式；
- 合同能源管理模式。

预期收益推算详细步骤：

全额上网项目收益计算（以2016年为例）

成本　某1MW$_p$分布式光伏发电项目（2016年6月并网），按照5元/W造价，平均每年5万元运维费，按照20年补贴年限，进行成本计算，总成本共计600万元（造价500万元，运维100万元）。

收益　该地区年日照小时数按1200h，综合系数按80%计算，其年发电量为1×1200×0.8×1000=960000kWh，上网电价按1.08元/kWh（含补贴）计算，20年的总收入为2073.6万元。因此，20年的项目净收益为2073.6-600=1473.6万元。

回本年限　设为N年回本，500+5N=96×1.08×N 得N=5.78，即6年回本。

自发自用项目收益计算（以2016年为例）

成本　某160kW$_p$分布式光伏发电项目（2016年6月并网），按照5元/W造价，平均每年0.2万元运维费，按照20年补贴年限，进行成本计算，总成本共计84万元（造价80万元，运维4万元）。

收益

该地区年日照小时数按1200h，综合系数按80%计算，其年发电量160×1200×0.8=153600kWh，假定自发自用比例为70%，即46080kWh上网、107520kWh自用。该客户一般工商业电价为0.8996元/kWh。

若采用EMC模式，让企业享受9折电价优惠，则自用部分需打9折，即0.8996×107520×0.9=8.70万元。

本案例按照EMC模式进行后续计算：

燃煤标杆电价按0.4153元/kWh计算，即46080×0.4153=1.91万元；

国家补贴+浙江省补贴（0.42+0.1=0.52元/kWh）计算，即153600×0.52=7.99万元；

每年的总收入为8.70+1.91+7.99=18.60万元。

20年总收入（不考虑电价变化）为18.60×20=372万元。

因此，20年的项目总收益为372-84=288万元。

回本年限

设为N年回本，80+0.2N=18.60N，得N=4.34，即5年回本。

沟通策略

初步沟通时最重要的便是通过客户的痛点进行话题切入，让客户想要深入了解分布式光伏产品。

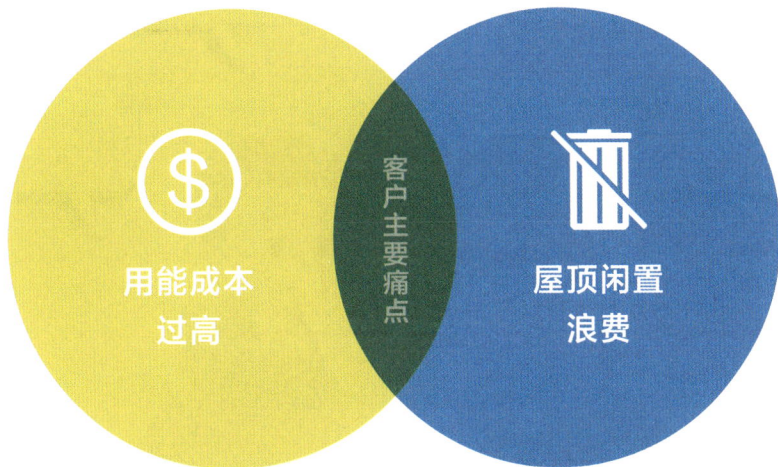

示例话术

客户痛点为用能成本过高时的示例话术：

① 王总，听说您这次又上了一条生产线，电费成本应该又增加不少吧？

② 是呀，公司的经营成本里面，这两年电费是"蹭蹭蹭"地往上涨啊！

③ 那王总您有没有考虑过自己发电呢？

④ 自己发电？！这会不会有点难度呀？

客户痛点为屋顶闲置浪费时的示例话术：

2 客户说服

前期沟通能够让客户对光伏产品产生兴趣，但客户可能还会有一些投资顾虑，这时便需要用优势来说服客户，消除客户的抵触想法，让客户坚定开展光伏业务的信心。

客户说服
切入点

开发
闲置资源

产能
清洁环保

降低
电费支出

带来
投资收益

示例话术

强调优势为带来投资收益时的示例话术：

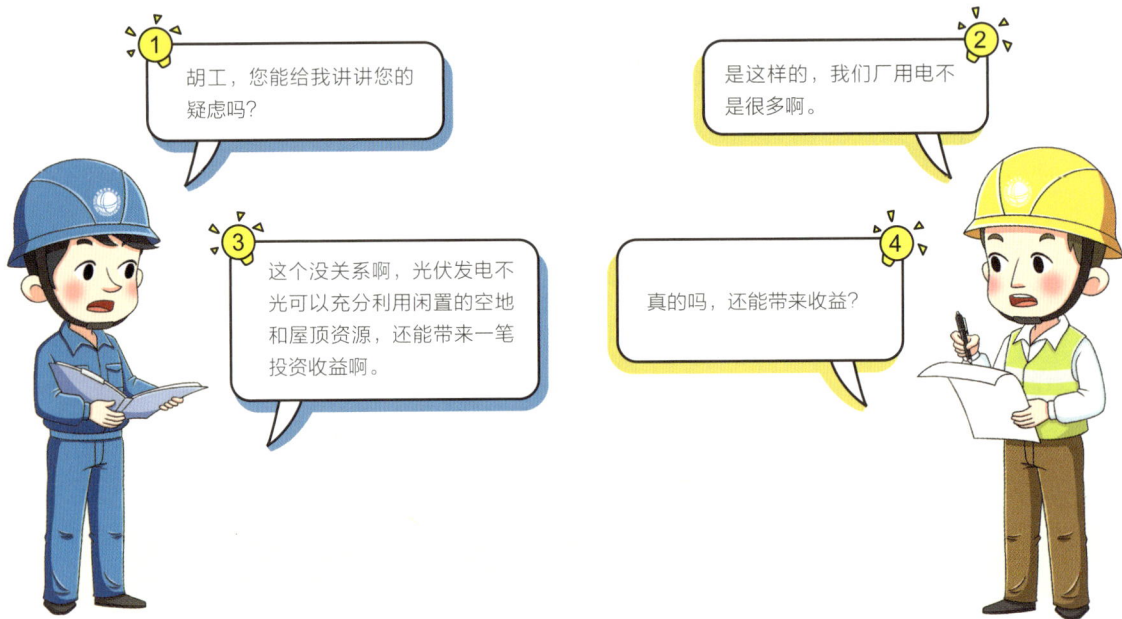

1. 胡工，您能给我讲讲您的疑虑吗？

2. 是这样的，我们厂用电不是很多啊。

3. 这个没关系啊，光伏发电不光可以充分利用闲置的空地和屋顶资源，还能带来一笔投资收益啊。

4. 真的吗，还能带来收益？

5 是啊，你们厂用电不是很多，空地和屋顶资源这么丰富，光伏发电后剩余的电量可以卖给我们供电公司，这就是一笔收益啊。

6 听起来不错，但我们对这方面没有经验啊。

7 这个您放心，从建造到运维都可以交给我们。

8 那更好了，我明天和老板汇报一下。

3　合同签订

（1）合同签订前注意事项：

- 准确填写合同文本内容，明确装机容量，电量电费计算方式以及效益分享方式；
- 明确项目期限，违约责任及合同期限。

（2）签订合同时注意事项：

- 双方应准确填写双方联系方式、银行账号等重要信息；
- 双方应认真核对合同条款，确保合同真实有效；
- 合作方应加盖其单位的公章，合作方的经办人应提供加盖了其单位公章的签约授权委托书；
- 合同文本经过修改的，应由双方在修改过的地方盖章确认。

（3）签订合同以后应该怎么做：

- 及时归档保管，以免丢失；
- 及时履行合同。

分布式光伏合同（示例）

双方经过平等协商，在真实、充分地表达各自意愿的基础上，根据《中华人民共和国合同法》及其他相关法律法规的规定，达成如下协议，并由双方共同恪守。

第1节 术语和定义

双方确定：本合同及相关附件中所涉及的有关名词和技术术语其定义和解释如下：

明确装机容量

下列词语应具有本条所赋予的含义：

1.1 光伏电站：指乙方拟建于甲方屋顶，由乙方拥有/兴建/扩建，并将经营管理的一度计划总装机容量为 0.8 兆瓦（MWₚ）的发电设施以及延伸至产权分界点的全部辅助设施。

1.2 协议屋顶：指甲方合法拥有的位于 XXX **明确屋顶面积** 物屋顶中面积为 11500 m² 的屋顶。

1.3 "合同"指双方签署的合同所有条款以及合同中载明的其他文件所组成的整体，包括双方根据合同约定不时进行的修改和补充。

1.4 "项目财产"：指本项目下的所有由乙方提供的设备、设施和仪器等财产，具体见附件项目资产明细。

1.5 "日（天）"指公历日。

1.6 除本合同另有约定外，"以上""以下""以内" "届满"均包括本数；"不满""以夕"，不包括本数；"×日前"、"×日后"不包括当日。按照日、月、年计算期间的，开始的当天不算入，从下一天开始计算。期间的最后一天不是工作日的，该期间应于下一个工作日终止。

明确分期实施情况

第2节 项目期限及投资方案

2.1 本项目期限包括项目建设期和效益分享期两部分。项目分为两期建设，其中第一期 0.9MWₚ，待第一期投运并网通过后，乙方根据项目情况进行二期 0.6MWₚ 投资建设。

2.2 本项目建设期为进场施工日起至工程并网运行日。合同签订后六个月内乙方入场施工，若甲方未按本合同约定履行义务或发生不

可抗力事件而延误项目建设，则项目建设期相应顺延。

2.3 本项目的节能效益分享期为正式并网运行日起【25】年。因甲方原因项目停运或未正式运行的，乙方如指节能效益分享期相应延长。

明确光伏发电年限（重要）

2.4 本合同签订后， 的第三方判断是否符合光伏电站建设及运营的条件，如不符合乙方有权终止本合同并不担责。

2.5 本合同签订后，如果乙方无法在【60 日】内取得项目核准/备案，则任何一方均有权终止本合同，双方互不担责。

2.6 如遇国家产业政策调整，或者发电、供电政策变化，致使乙方光伏电站项目终止的，乙方应及时通知甲方，自通知到达甲方之日起本合同自动解除，双方互不担责。

第3节 项目方案设计、实施和项目的验收

3.1 甲乙双方应当按照本合同附件所列的项目方案文件的要求以及本合同的规定实施本项目。

3.2 乙方应当依照规定的时间依照项目方案的规定开始项目的建设。

3.3 甲乙双方应当按照以下规定进行项目验收：甲方必须在安装完毕后 3 日内向乙方书面反馈验收结果，期限内未提出书面异议的视为验收合格。

3.4 甲方无偿提供建筑物屋顶供项 **明确光伏并网方式** 位置范围见附则。

第4节 节能效益分享方式

4.1 本项目的节能量，是指甲方实际使用本项目所发电量（项目用电量）。本项目的发电优先供应甲方使用，余电反送公共电网。甲方未使用的电量，乙方除发送公共电网外，有权向甲方临近的用户出售，甲方需全力配合。

4.2 项目用电量计算公式：

甲方用电量（kWh）=光伏电站出口电能计量表所计量电量-光伏

分布式光伏合同（示例）

电站反送上公共电网的电量

光伏电站反送上公共电网电量的电费……算。

4.3 甲方使用光伏电能费用计算公式

> 明确光伏发电分享比例系数及电价

光伏电能费用(元)＝K×甲方项目用电量 (kWh)×实时电价(元/kWh)。

K 为甲方分享比例系数，双方协商确定为 0.85，即电价为 0.65 元/kWh，且不与其他发电、售电企业任何电价优惠关联，不以责供电、隔墙售电的电价作为本项目甲乙双方电费结算的基准电价。本项目安装的计量表采用通过电网公司计量检定合格的由电网公司安装的可以分时段计量尖、峰、谷、平用电量的多功能智能电表，市电总计量表由电网公司安装具有双向计量功能（可同时计量企业向电网取的电量和向电网反馈的电量）的多功能电表，对甲方实时的用电量进行计量。

4.4 款项的支付

(1) 按月结算光伏电能费用。项目发电以供电公司计量周期为准，甲乙双方共同确认表计的电量记录，每月 10 日前乙方向甲方提供电费账单，节假日顺延。

(2) 甲方应当在每月 25 日前将上

> 明确光伏发电费用结算方式及期限

……方。

(3) 乙方收到甲方款项后 5 日内向甲方出具合规增值税发票。

4.5 项目期限内，国家、地方政府或相关部门实行的与本项目相关的节能奖励与补贴以及本项目产生的碳排放指标、减排量或绿色电力证书等资产及权利乙享有，如需甲方提供相关资料，甲方应当协助配合。

4.6 如双方对任何一期节能量存在争议，该部分的争议不影响对无争议部分的款项支付。同时，如果无法确认某月份的节能量，节能量按以下计算：

用电量 (kWh)＝该月份宁波地区多年平均光伏利用小时数*装机

第 8 节 所有权和风险分担

> 明确风险点

8.1 在本合同分单期到期并且甲方付清本合同下全部款项之前，本项目下的所有项目财产的所有权属于乙方。本合同分单期到期并且甲方付清本合同下全部款项之后，该项目财产的所有权将无偿转让给甲方。所有权移交后，与本项目相关的节能奖励与补贴以及本项目产生的碳排放指标、减排量或绿色电力证书等资产及权利由甲方享有。

8.2 项目财产的所有权由乙方移交给甲方时，应同时移交本项目继续运行所必需的资料。如该项目财产的继续使用需要乙方的相关技术和/或相关知识产权的授权，乙方应当无偿向甲方提供该等授权。如该项目财产的继续使用则涉及第三方的服务或相关知识产权的授权，该等服务和授权的费用 甲 方承担。

8.3 项目财产的所有权不因甲方违约成者本合同的提前解除而转移。

8.4 在本合同期间，如是甲方责任导致项目财产天失、被窃、人为损坏的风险由 甲 方承担。

第 9 节 违约责任

9.1 如甲方未按照本合同的规定及时向乙方支付款项，则应当按照逾期付款金额每日 0.3 ‰的比率向乙方支付违约金。

9.2 如甲方原因导致项目超过 60 天无法正常运营的，甲方需赔偿乙方损失，其中发电损失按前【60】个正常运营期日计算的日均发电收入（含上网电费收入）乘以电站未正常运营期间计算。如果未正常运营时间超出 60 日的，乙方有权终止本合同。

9.3 如因甲方原因导致本合同提前终止的，甲方需赔偿乙方损失，该等损失包括乙方投入成本损失（按甲方实际造价扣除折旧）以及发电损失，其中发电损失按前【60】个正常运营日计算的日均发电收入（含上网电费收入）乘以尚未履行期间计算。

9.4 一方违约后，另一方应采取适当措施，防止损失的扩大，否则不能就扩大部分的损失要求赔偿。

（三）客户维护

1 维护客户关系

及时有效的沟通

持续跟踪客户，获取客户对产品的反馈，第一时间沟通和解决客户的疑问与不满。

为客户提供增值服务

除了提供优秀产品外，针对客户需求，为客户提供超预期的帮助和支持。

把客户关系变成朋友关系

添加客户微信，将客户转化为线上联系；让客户感知到被关心，用真心打动客户，让客户愿意与我们成为朋友。

小贴士

添加客户微信后，可以在朋友圈发布分布式光伏产品的相关介绍，包括产品功能、客户正向反馈、现场服务照片等，吸引客户的关注。

2 客户二次开发

资料整理

对客户资料汇总整理并封装储存，方便分析客户业务、再次挖掘客户需求。

延伸其他光伏业务

向客户推荐一整套光伏产品服务（如向只办理EPC总承包的客户推荐办理增值服务）。

推广其他综合能源业务

挖掘客户综合能源潜力，推广其他综合能源服务（如是否有电能替代需求，是否需要智慧电务或电力金融产品等）。

小节回顾：自我检测清单

看

- 我会看目标客户屋顶结构、面积、朝向等是否适宜安装分布式光伏；
- 我会看地图软件上的屋顶面积；
- 我会看目标客户用电情况如何，发电量能否正常消纳。

问

- 我会问目标客户电费支出情况、是否有电量自发自用需求；
- 我会问目标客户的企业经营情况、成本和效益如何、是否有意愿投资光伏项目。

答

- 我能回答客户光伏产品的优势；
- 我能回答客户签订合同时的重点注意事项；
- 我能回答客户关心的光伏发电项目投资总额、回报年限等。

三、典型案例

本部分通过案例介绍供电所台区经理推广分布式光伏的经验。同时，为了充分调动员工拓展综合能源业务的积极性，实现多能多得、多劳多得、干好多得，有效衡量供电所员工在综合能源服务推广过程中的工作成效，案例后面提供了综合能源服务业务积分规则，可供参考。

某气动元件公司400kW$_p$光伏发电项目营销案例

1 发现客户需求

浙江某公司向供电所申请报装1260kVA容量变压器，老毛作为该区域的客户经理，前往客户王总处进行现场勘查。老毛发现该客户新建的厂房屋顶面积达到4000m²，而且房屋整体采用混凝土结构，朝向好、无遮拦、采光佳【现场信息收集】。

2　进行客户沟通

　　于是老毛向王总提议投资进行光伏发电项目建设【**提出建站方案**】，充分利用屋顶闲置资源获得收益【**沟通客户需求**】。王总一听饶有兴趣，请老毛详细地介绍了光伏产品【**陈述产品优势和效益回报**】，并在听后初步确定了合作意向，邀请供电公司下次前来做设计方案，商讨合同事项【**与客户签订意向协议**】。

客户沟通

3　上报储备项目

　　老毛当下记录了屋顶信息，初步测算可装机容量为400kW$_p$。回去后，立马将本项目上报供电公司综合能源服务管理部，作为储备项目入库【**上报储备项目**】。不久之后，综合能源服务项目经理前来做进一步勘察设计及方案确认。

4 后续跟踪服务

该公司400kW$_p$光伏发电项目的设计、预算、合同签订及项目备案，老毛都全程陪同跟进【**现场签订合同**】，并且同步受理了客户的并网业务。老毛和项目经理确定了工程周期，并一直对项目进行跟踪【**工程进度跟踪**】，同时对项目质量持续管控【**工程质量跟踪**】，最终完成并网调试【**并网调试**】和表计安装【**上网表计安装**】，帮助客户顺利并网。此后，老毛一直与客户保持着联系，跟进客户的后期运维服务【**长期运维服务**】。

光伏运维

案例中的收益分析

本案例中400kW$_p$的光伏项目（假定2019年1月并网），根据EMC管理模式约定客户享受8.5折电价优惠，且无国家补贴，进行收益分析。

成本

按照4元/W造价，平均每年0.2万元运维费，按照20年进行成本计算总成本共计164万元（造价160万元，运维4万元）。

收益

该地区年日照小时数按1200h计算，综合系数按80%计算，其年发电量为400×1200×0.8=384000kWh，假定自发自用比例为70%，即115200kWh上网，268800kWh自用。该客户大工业电价为三费率（尖1.0824元/kWh，峰0.9004元/kWh，谷0.4164元/kWh），采用EMC模式，与企业在合同中约定电价取平均电价0.6644元/kWh，享受8.5折电价优惠，即0.6644×268800×0.85=15.18万元。

燃煤标杆电价按0.4153元/kWh计算，即115200×0.4153=4.78万元。

每年的总收入为15.18+4.78=19.96万元。

20年总收入（不考虑电价变化）为19.96×20=399.20万元

因此，20年的项目总收益为399.20-164=235.20万元。

回本年限

设为 N 年回本，160+0.2N=19.96N 得 $N \approx 8$，即8年回本。

业务操作流程及贡献度计算规则

为了有效衡量供电所员工在综合能源服务推广过程中的工作量，本表依据具体工作流程制定了员工贡献度计算规则。结合前文案例评估员工个人贡献度，方便供电所领导和工作人员清晰直观地了解业务进程和工作成效。

业务操作流程

流程	具体流程	贡献度计算规则
搜索目标客户 （4分）	系统、现场信息收集	成功搜索得到符合光伏发电建设要求的目标客户 （2分）
	上报储备项目	成功上报储备项目，根据项目规模大小获得 （1~2 分）

业务操作流程

流程	具体流程	贡献度计算规则
客户沟通说服 （6分）	沟通客户需求	成功与客户建立良好的人际关系（2分）
	提出建站方案	向客户推介供电公司的光伏产品，提供适合客户的方案（2分）
	陈述产品优势和效益回报，与客户签订意向协议	成功说服客户并签订意向协议或达成初步意向（2分）
合同签订 （5分）	准备合同材料	合同文本内容准确无误（2分）
	现场签订合同	成功签订合同（3分）
工程跟踪 （4分）	工程进度跟踪	工程进度控制符合客户要求（2分）
	工程质量跟踪	工程质量符合国家标准（2分）
工程并网 （4分）	上网表计安装	发电、上网表计安装（2分）
	并网调试	并网调试成功（2分）
运维服务 （2分）	长期运维服务	与客户保持长期联系，提供运维服务（2分）

本案例中台区经理个人贡献度得分如下：

				个人贡献度得分			
流程	搜索目标客户（4分）	客户沟通说服（6分）	合同签订（5分）	工程跟踪（4分）	工程并网（4分）	运维服务（2分）	总分（25分）
打分	3	6	5	4	4	2	24

案例小贴士

　　由于分布式光伏安装场地的特殊性，供电所员工在平时的检查及开展其他业务过程中，需要留意客户厂房屋顶和房屋的整体情况，以便更好地推广分布式光伏业务。本案例中台区经理的服务水平较高，供电所员工可以借鉴其做法开展实际工作。

附录一　　商务洽谈基本原则

1 诚实守信原则

商务洽谈中，可以适当凸显产品的优点，但是不能脱离实际，不能欺骗客户，否则会失去客户宝贵的信任。

2 平等自愿原则

商务洽谈中，应遵守平等自愿的原则，不能利用国有企业的优势给客户施压，或收受客户礼品、礼金、有价证券等，否则会伤害国家电网品牌形象。

3 协商一致原则

商务洽谈中，需要针对合同条例进行协商沟通，询问所有人均无异议后，合同才可签订盖章。

4 互惠互利原则

商务洽谈的目的是为了追求收益，将相关产品推销出去，同时也要让对方获利，实现双赢。

附录二   营销心理技巧

1 标签效应

给别人贴了标签，别人会尽量做符合标签的事情。在推广综合能源服务产品时，不妨给客户"贴"上标签，夸赞他是"好人""喜欢尝新""有魄力、有勇气"等，从而让他表现得更慷慨。

2 跟风心理

人们喜欢从众，这让他们有安全感，还能满足他们的好奇心。在推广综合能源服务产品时，可以和客户说明他的同行已经开始使用智慧电务、电能替代产品或分布式光伏了，这样客户也会更愿意尝试相关的产品。

3 权威效应

人们倾向于相信专家、名人甚至明星的言论。在推广综合能源服务产品时，可以利用一些专家话语来说服客户，让他更加认可相关的产品。

4 互惠原则

当我们为别人做了一件事的时候，对方也会自然而然地想要回报我们。在推广综合能源服务产品时，我们可以帮客户一个小忙，从而让他更有合作的意向。

附录三　寒暄问候技巧

寒暄问候是见到客户后要做的第一件事，其主要目的是拉近和客户之间的距离、消除客户对综合能源服务业务推荐的抵触情绪，核心技巧包括**对客户表示关心、赞美、聊共同点**等。

示例：

1. 李工，真是好长时间没见到您了。
2. 林老板，这么忙还抽时间见我，谢谢您啦。
3. 王总，听说厂子去年效益不错呀，您不愧是我们这儿的杰出乡镇企业家。
4. 张工，这是富士杆吗？我也喜欢周末钓钓鱼呢，能放松下心情，晚餐还能加道菜。
5. 大姐，今天景区的游客很多呀，饭店收入也不错吧。
6. 王老板，听说您上周去了慈溪的政企联合会议，被邀请的人都是有实力的企业家呀。

附录四　电能替代主要应用

1 工业生产类

● 电锅炉

电锅炉也称电加热锅炉、电热锅炉，是通过电加热元件将电能转化为热能的锅炉设备，客户主要为医院、学校、宾馆、酒店、工厂等。

主推点：安全性高、清洁环保、经济效益强。

● 电窑炉

电窑炉是在内部将电能转化为热量进行加热的窑炉设备，客户主要从事玻璃制造业、冶金业、食品工业等。

主推点：热效率高、设备简单、占地面积小、温度均匀、操作简单、有利于环境清洁。

● 电蓄冷

电蓄冷是利用电网的峰谷电价差，夜间采用冷水机组在水池内蓄冷，白天水池放冷而主机避峰运行的节能空调方式，客户主要为酒店、工厂、商业中心、办公大楼等。

主推点：节约用电成本、降低设备高峰负荷、提高设备利用率和效率。

2 农业生产类

● 电制茶

电制茶指在茶叶的制作过程中大量使用电动机械，包括滚筒杀青机、电揉捻机、速包机、茶叶烘焙机等，客户主要为茶厂、茶园等。

主推点：揉捻力度精准控制，有利于提高茶叶质量水平；提高茶叶加工效率；降低茶农工作强度。

● 电烤烟

电烤烟指高温热泵烘干机组从周围环境中吸收热量传递给被加热对象，完成加热烘干作业，客户主要从事食品及农副产品加工业等。

主推点：安装方便、高效节能、环保零排放、运行安全可靠、使用寿命长、维护费用低。

● 农业电排灌

农业电排灌指以电能为动力支持农田（地）的排涝、灌溉，客户主要为农户、农场主、农业园区等。

主推点：排灌效率高、节约人力成本。

3 居民及旅游业类

● 电蒸锅

电蒸锅也叫电蒸笼，是一种用电热蒸汽原理直接清蒸各种美食的厨房生活电器，客户主要为家庭、宾馆、酒店等。

主推点：加热均匀、节约烹饪时间、安全卫生。

● 电炒锅

电炒锅是一种将电能转化为热能，既可以用来炒菜，也可进行煎、炸、煲汤等操作的厨房生活电器，客户主要为家庭、宾馆、酒店等。

主推点：功能多样、安全卫生、可自由调节温度。

● 电磁灶

电磁灶是一种将电流转化为热量以加热食物的厨房生活电器，客户主要为家庭、宾馆、酒店等。

主推点：节约能源花费、安全卫生、可自由调节温度。

● 分散电采暖

分散式电采暖是将电能转换为热能的一种采暖方式，客户主要为居民社区、酒店、医院等。

主推点：制热均匀、温控器调温灵活、使用寿命长、安全性高、清洁环保、有益身体健康。

4 交通运输类

● 港口岸电

岸电系统由安装在码头的供电系统和安装在船舶上的变电系统两部分组成，码头供电系统由码头前沿港区变电站供电，电能经过变压、变频后传输至码头前沿，码头前沿安装高压接线箱供船舶连接，通过船载变电站变压后为船舶供电。港口岸电的客户主要为港口、水运集团。

主推点：清洁环保、节约能源、减少燃料费用、消除噪声污染、有利于人体健康。

● 电动汽车

电动汽车，即电力驱动车，是指由电能驱动电机作为全部或部分动力来源的汽车，客户主要为公共交通业、普通居民等。

主推点：噪音低、维护保养工作量小、运行成本低。

● 轨道交通

轨道交通运输通常是指具有固定线路、铺设固定轨道、配备运输车辆及服务设施的运输方式，主要可以分为铁路运输和城市轨道交通运输。

主推点：节能环保、客运量大、安全性高。